# 磁石の発明特許物語

六人の先覚者

鈴木雄一

アグネ技術センター

# はじめに

英国でベッセマーが転炉法を発明して世界の鉄鋼の歴史が新時代に入ったころ、日本では大島高任が釜石に日本発の近代的な溶鉱炉を建設し、銑鉄の製造を開始した。以来、日本の鉄鋼業は欧米から技術を取り入れることに多大な力を投じてきた。欧州に多くの若手を留学させ、帰国後、国内の重要ポストに就けて技術を指導させた。官主導で大規模な製鉄所を建てた。先進国の技術に追いつくことを何よりも優先した。必要ならば高額の給料を払って外国人技術者を雇い、教えを請うた。

その中にあって、日本の磁石鋼の研究開発は、早くから世界の先頭を走り、長い間、世界の上位にあった。本多光太郎がＫＳ磁石鋼を発明したのを皮切りに、三島徳七のＭＫ鋼が世界の磁石業界を驚かした。続いて本多門下の増本量らがＮＫＳ磁石鋼を発明し、磁石鋼の開発は日本のお家芸となった。一方、特殊鋼の製造者であり金属学者であった渡辺三郎は、資源の少ない日本の実情にあったＦＷ磁石鋼を商品化した。加藤与五郎と武井武は金属酸化物のフェライトの磁性に着目し、世界で最初にフェライト磁石（ＯＰ磁石）を発明した。

六人の先覚者が次々と新しい磁石を発明し、有志の企業が製造を引き受けて、日本に磁石鋼の伝統が築き上げられた。しかし第二次世界大戦が終わってみると、世界はアルニコとバリウムフェライトを中心に磁石の産業を大きく進展させていた。日本は大きく水を開けられた。

一旦おくれた日本の磁石の栄光を回復した七人目の先覚者は、佐川眞人であった。鉄、ネオジムとボロンを巧妙に組み合わせた希土類化合物磁石を発明し、世界の市場を席巻した。同氏は現在も希土類磁石の改良で世界と競争している最中なので、本書ではこれまでの研究開発の経過と成果をまとめるにとどめた。

磁石開発の歴史は一方で特許の歴史であった。国際的な競争と提携の中で、研究開発と商品化が進められた。筆者は我が国における磁石の歴史を主に特許の立場から、アグネ技術センター「金属」誌に連載してきた。本書は、「金属」誌に二〇一二年三月号から七月号まで掲載された第五話までを加筆・訂正し、新しく第六話を加えて一冊にまとめたものである。

鈴木　雄一

二〇一五年四月

引用の部分は現在の読者に読みやすいように、漢字、仮名づかい、年号の表記などを一部かえてある。

# 目次

# 第一話　本多光太郎とＫＳ鋼

本多光太郎は我が国の金属研究の創成期に国の研究体制を立ち上げ、多大な業績を残した物理学者である。とくに高性能磁石のＫＳ鋼の発明で知られる。東北大学の金属材料研究所の所長を長くつとめ、日本の金属学の父と呼ばれる。一九三七年の第一回文化勲章受賞者の一人である。

本多光太郎（東北大学史料館提供）

本多光太郎は明治三年（一八七〇年）に愛知県矢作町で生まれた。一八八五年に上京、駿河台の成立学舎で受験の準備をし、一八八七年に第一高等中学の予科に入学した。在学中に数学、物理学と化学に興味を持ち、卒業と同時に東京大学に入学、物理学を学んだ。三年に進級するとき特待生として授業料を免除された。一八九七年に学部を卒業したあと大学院に進学し、長岡半太郎の指導で、強磁性体の磁気ひずみの研究をはじめた。一九〇七年にはヨーロッパに留学してゲッチンゲン大学のタンマン教授の下で当時の最先端の金属学―物理冶金学―を学び、その後ベルリンに移ってデュ・ボアの研究室で元素の磁気係数を研究した。学者として頭角をあらわしたのはこの頃からである。

## ＫＳ鋼の発明

一九一一年、帰国とともに創立されたばかりの東北帝国大学理科大学教授に任命され、物理学を講義し、磁気の研究をはじめた。一九一六年、理科大学に臨時理化学研究所が設置されると、主任教授の本多は研究補助の高木弘と共にタングステン鋼の研究をはじめた。磁化を上げるためにコバルトを添加するという本多の予想が当たり、強い保磁力を持つ磁石鋼が発明された。

新しい磁石鋼は本多の研究を後援した住友家に由来してＫＳ鋼と名付けられた。ＫＳ鋼を発明した直後の講演会で、本多自身、「住友吉左衛門男爵の厚意によって研究を進めたる結果発見せられたものであるから、同氏を紀念せんがため、その頭文字を取ってかく命名したものであります」と言っている。

一九三二年の第三回発明帝国表彰の記念講演で、本多は「ＫＳ磁石鋼の発明とその工業化」と題して次のように語った。

「その頃、欧州で使用された優良なる磁石鋼すなわち永久磁石に使用する鋼は一種のタングステン鋼でありまして、タングステン七〜八%、クロム一〜二%、炭素〇・七〜一%、残部鉄よりなる合金でありました。この磁石鋼の存磁力は七〇〜八〇%で、磁気の強さは、もちろん磁石の寸法比にもよるが、長さ対直径の比が一五位のとき、磁気感応度約七〇〇〇であります。そこで我々は一九一八年の初めより一層優良なる磁石鋼の研究に着手しました。磁石鋼の特性は残留磁気が強く、かつ存磁力の大なることであります。しかるに鉄に加えて磁気を増す元素はコバルトのみで、鉄に三三%コバルトを加えるとき、磁気の値は最大になることはよく知られて居ました。また鉄に加えて再結晶を微細にし、従って存磁力を大にするものはタングステンおよびクロム等であることも良く知られて居ました。故に、残留磁気と存磁力を共に大にするものはコバルト三三%内外、タングステン、クロム、炭素は約タングステン磁石鋼の割合にて加えた合金であることは想像されました。そこで一九一八年三月、当時助手を努められた現在住友製鋼所技師高木弘氏と共に二三合金を作りましたが、想像のごとく存磁力約二二〇、残留磁気感応度約八〇〇〇の意外に良い磁石を得た。その後、精細なる研究によって、存磁力二五〇、残留磁気感応度約一一〇〇〇の優良なる磁石を得ました。すなわちKS磁石鋼は特殊鋼研究の副産物として発明されたもので、大体頭の中で出来たことは面白い事実であります」

## KS鋼の日本特許出願

一九一七年にKS鋼の特許が出願され、翌年に特許第三二二三四号「特殊合金鋼」および特許第三二四二二号「特殊合金鋼」の二件が登録された。前者がKS鋼の基本特許で、明細書（図1－1）に記載された発明の内容は次の通りである。

本発明は、コバルト・二〇～六〇％、鋼鉄・上記歩合以外の全量大約かくの如き配合を基礎として成る合金にして、これに〇・五～二〇％のタングステンもしくは〇・二～一五％のモリブデンを加え、あるいはさらに〇・三～一〇％のクロムを加えることにより一層良好なる結果を発揮せしむ。本発明に用いる鋼鉄は炭素量〇・三～二％を適当とし、コバルトの分量は他の資料の配合率により多少の差異ありといえども三五％前後を最良とす。この磁石鋼を作る方法は、上記の割合に各金属元素を混してこれを摂氏千七百度～千八百度にて熱して充分に溶解し、徐々に冷却す。次にこれを鍛錬して磁石の形としたる後、焼入をなす。焼入の温度は普通磁石鋼の焼入温度約八百度より著しく高く、約九百度～千度を最も適当とす。かく焼入れして得たる磁石を強大なる電磁石又はコイルにて強く附磁して得たる磁石は、従来公知の磁石に比し、次の二点において著しく優越す。

（イ）頑性力　従来公知の最も優秀なる磁石においては、その頑性力は七十五ＣＧＳ単位を越えざりしも、本発明においてはこれを二百ＣＧＳ単位たらしむることを得、したがって従来の磁石鋼に比して磁気の強さの耐久力は甚だ大なり。

（ロ）磁気の強さ　従来公知の最も優秀なる磁石においても加年後の磁気の強さは四百五十ＣＧＳ単位を越えるもの稀なるも、本発明の磁石においては頑性力の大なるため、加年後七百ＣＧＳ単位の磁

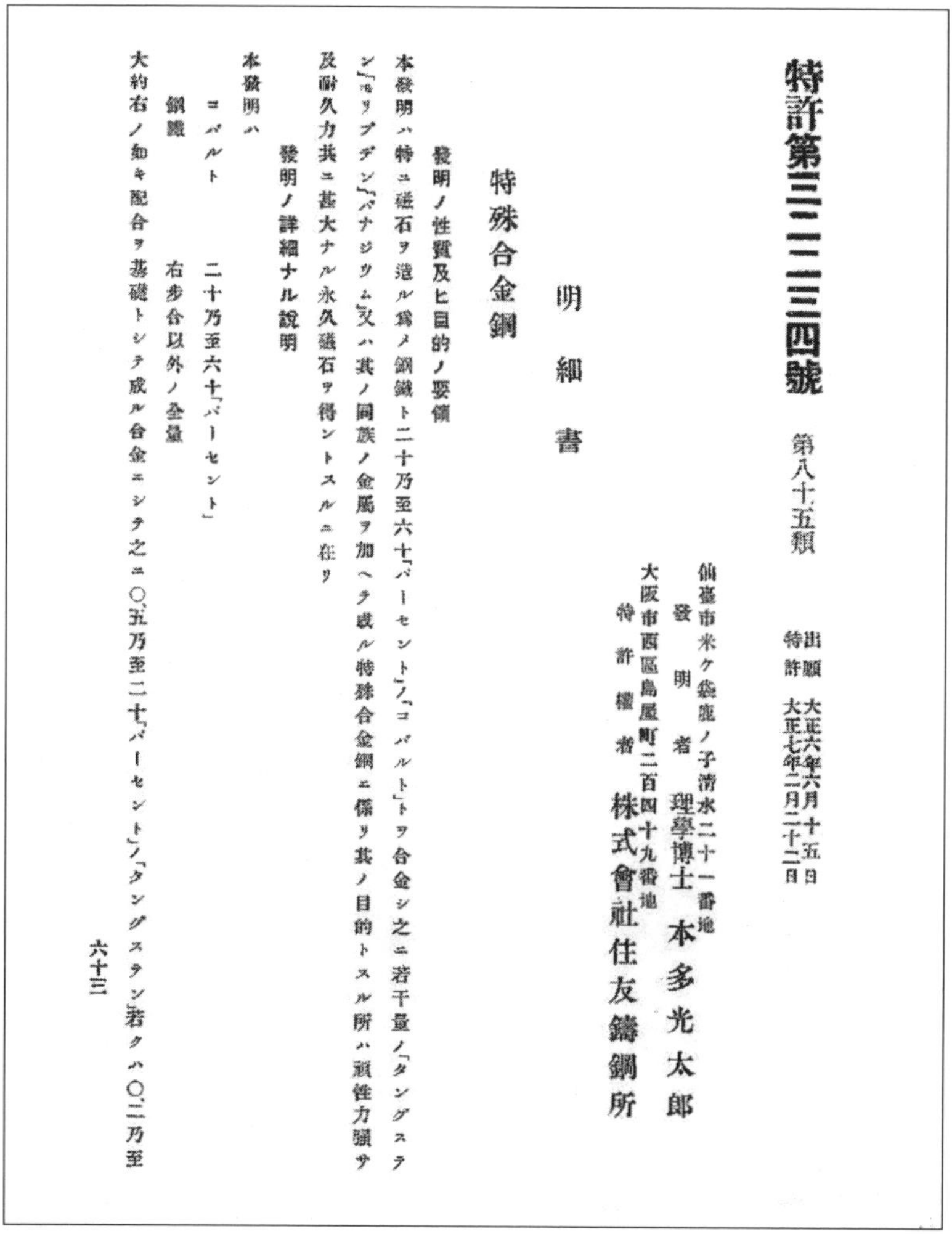

特許第三二二三四號　第八十五類

出願　大正六年六月十五日
特許　大正七年二月二十二日

仙臺市米ケ袋鹿ノ子清水二十一番地
發明者　理學博士　本多光太郎
大阪市西區島屋町二百四十九番地
特許權者　株式會社住友鑄鋼所

明細書

特殊合金鋼

發明ノ性質及ヒ目的ノ要領

本發明ハ特ニ磁石ヲ造ル爲メ鋼鐵ト二十乃至六十「パーセント」ノ「コバルト」トヲ合金シ之ニ若干量ノ「タングステン」「モリブデン」「バナジウム」又ハ其ノ同族ノ金屬ヲ加ヘテ成ル特殊合金鋼ニ係リ其ノ目的トスル所ハ頑性力強サ及耐久力共ニ甚大ナル永久磁石ヲ得ントスルニ在リ

發明ノ詳細ナル說明

本發明ハ

コバルト　二十乃至六十「パーセント」

鋼鐵　右歩合以外ノ含量

大約右ノ如キ配合ヲ基礎トシテ成ル合金ニシテ之ニ〇、五乃至二十「パーセント」ノ「タングステン」若クハ〇、二乃至

六十三

図 1-1　KS 鋼の日本特許.

気の強さを有す。

特許請求の範囲は

一　前記目的を以って鋼鉄と二〇～六〇％のコバルトよりなる特殊合金鋼

二　前記の目的を以って鋼鉄と二〇～六〇％のコバルトとタングステン、モリブデン、バナジウム又は其の同族の金属よりなる特殊合金鋼

三　前記の目的を以って鋼鉄と二〇～六〇％のコバルトとタングステン、モリブデン、バナジウム又は其の同族の金属とクロムよりなる特殊合金鋼

四　前記各項記載の特殊合金鋼を附磁したるもの

となっている。

特許第三二四二二号「特殊合金鋼」は特許第三二二三四号の追加の特許で、一九一七年七月十日に出願され、一九一八年三月二十六日附で特許になった。冒頭の発明の性質及び目的の要領に「本発明は特許第三二二三四号の発明を利用してこれに拡張を加えたるものにして、特に磁石を造るため鋼鉄と二〇～六〇％のコバルトとクロムとを合金してなる特殊合金鋼に係り、其の目的とする所は頑性力、強さ及耐久力共に甚大なる永久磁石を得んとするにあり」とある。

発明の詳細なる説明は「本発明はコバルト二〇～六〇％、クロム〇・三～二％、鋼鉄上記歩合以外の全量」とした以外は特許第三二二三四号と大体同じである。頑性力は二百二十五ＣＧＳと少し大きく、磁気の強さは六百ＣＧＳ単位となっている。

特許請求の範囲は

一　前記の目的を以って鋼鉄と二〇～六〇％のコバルトとクロムよりなる特殊合金鋼

二　附磁したる第一項記載の特殊合金鋼

である。タングステンまたはモリブデンを必須の添加元素としない点で基本特許第三二二三四号と異なっている。

当時の特許法（明治三十二年三月一日法律第三十六号）第十九条によれば、追加の特許は「特許証主は自己の特許発明を利用して為したる発明に対し追加特許を受けることを得、追加特許は原特許に従い移転若しくは消滅するものとす」と規定されている。原特許とまとめて一つの特許を構成すると考えてよい。

明細書に記載されていないが、特許庁の特許目録に代理人の項目があり、本件に関する住友鋳鋼所の代理人として浅村三郎の名がある。浅村は初代専売特許所長の高橋是清と親交のある代理人の草分けで、とくに米国特許に長じており、当時は大阪に事務所を開いていた。ＫＳ鋼の特許出願の手続きが大阪からなされていたことがわかる。「ＫＳ磁石鋼の発明過程」という論文の著者である勝木渥の調べによる高木弘の履歴および一九二五年版東北帝国大学金属材料研究所要覧によれば、ＫＳ鋼の開発を実際に手がけた高木がこのころ住友鋳鋼所に移っている。出願手続きは高木と大阪の特許事務所が打ち合わせ、特許局との間で進められたと考えられる。当時の大阪、東京、仙台の距離と通信事情を考えると、特許出願の経緯が仙台で十分に把握できなかったとしても無理はない。

後年、特許局長官の中村幸八が『発明五十年史』に特許局の立場から見たＫＳ鋼の評価を書いている。

「本多光太郎はその協力者高木弘と共に、大正六年永久磁石鋼を完成したのであって、その主要成分はコバルトの著量と、タングステン、クロムの若干量を含む鋼であり、その性質は従来の最良品に比べて耐久力において約三倍、磁力において一倍半以上であり、我が科学の卓越性を世界に示したものの一つとして、特筆大書せらるべきものである。これまで行はれた多くの学究的発明と異なり、住友金属工業株式会社に於いて実施せられ、多くの電気機器其の他に使用せられ、現在といえどもなおその生命を持つほどの優秀性を現したことは、研究室内に於ける科学的な研究こそ、産業と結びついて成果を挙げ得るものであることを、如実に示したものといえる。」

## ＫＳ鋼の外国特許出願

ＫＳ鋼は国内出願の後、順を追って欧米各国に出願された。ＫＳ鋼の外国特許出願の状況を説明するまえに、現在の欧州特許の資料状況を簡単に説明しておく。KS鋼を発明した一九一七年は第一次世界大戦の最中であり、欧州は戦火によって多くの特許資料を消失した。戦後一九二〇年にベルヌで「世界戦争に因り影響せられたる工業所有権の保存又は回復に関する取極」を取り交わし、世界各国が協力して修復に努めたが、国によっては消失したままである。現在の保管状況はヨーロッパ特許庁（EPO）で確認できる。一九二〇年以前の特許の明細書が閲覧できるのはオーストリア、ベルギー、カナダ、スイス、ドイツ、フィンランド、フランス、英国、インド、オランダ、ノルウェー、ルーマニアおよび米国の計十三カ国である。イタリーやハンガリーはまったく修復されていない。十三カ国についても、一九二〇年以降の特許の明細書がインターネットで容易に閲覧できるのに対して、一九二〇年以前の明細書の入手は国によって異なる。なお、日本は一九一四年八月にドイツに対して宣戦布告し、平和条約が結ばれたのが一九一九年であるから、この間は特許出願できない。念のためドイツ特許庁に問い合わせたが、本件に該当する特許は見当たらなかった。オーストリアも同様である。

KS鋼の特許の状況について各国の特許調査機関で調べると、米国とカナダおよびフランスでそれぞれ三件、英国とスイスでそれぞれ二件の特許が確認できた。これら十三件の特許について、主要事項を出願日順にまとめたのが表1－1である。スイスの特許明細書はフランス語で印刷されている。カナダ特許は発明の名称を英語とフランス語で登録しており、明細書は英語である。各国の特許と日本特許の対応関係は合金組成を比較すれば明らかである。欧州三カ国の明細書に日本特許の出願日が記載されており、これによって対応関係が確認できる。

各国の特許出願の件数を比較すると、一九一八年一月までに出願した国における特許件数はそれぞれ三件、それ以降に出願された国および日本への出願件数は二件である。後者に欠けているのは鉄-モリブデン-クロム合金の特許である。この時期になってこの特許を取得する必要がなくなり、外国出願を取りやめたものと思われる。フランス特許第四九八二二五号の特許明細書(図1-2)を見ると、日本の出願日は一九一七年九月六日となっている。日本特許はこの日以降に取り下げ、または放棄されたとするのが妥当であろう。

欧州の多くの特許明細書は日本や米国の明細書と異なり、発明者と特許権者の名前を併記せず、特許権者だけが記載される。英国(図1-3)およびスイスの明細書は住友鋳鋼所の記載だけで、本多光太郎の名前は載っていない。発明者主義のフランスの明細書は、冒頭にムッシュ・コータロー・ホンダ・日本在住と記載し、住友鋳鋼所の名は出てこない。フランスの特許法で、特許権は原則として発明者に帰属し、最初の出願人は発明者と推定すると規定しているためである。ネオジム・鉄・ボロン磁石の発明者である佐川眞人が「KS鋼の発明からネオジム・鉄・ボロン磁石まで」の中で「永久磁石の歴史についての欧米人によるレクチャーや記事には本多先生のお名前やKS鋼は出てきませんが、三島先生のお名前は必ず出てきます」と言っている。

本多は一九二二年に英国鉄鋼協会のベッセマー金メダルを受賞した。世界中から年に一人選ばれる

RÉPUBLIQUE FRANÇAISE.

OFFICE NATIONAL DE LA PROPRIÉTÉ INDUSTRIELLE.



# BREVET D'INVENTION

**VIII. — Mines et métallurgie.**
2. — Métallurgie.

N° 498.225

**Acier à aimant.**

M. Kotaro HONDA résidant au Japon.

**Demandé le 29 janvier 1918, à $15^h$ $33^m$, à Paris.**
Délivré le 10 octobre 1919. — Publié le 6 janvier 1920.
(Demande de brevet déposée au Japon le 6 septembre 1917. — Déclaration du déposant.)

La présente invention se rapporte à un type absolument nouveau d'acier à aimant, consistant en un alliage d'acier au carbone, de cobalt, de molybdène et de chrome, servant plus particulièrement à l'obtention d'un aimant permanent, qui dépasse de loin ceux actuellement connus au point de vue de son grand magnétisme rémanent et de sa grande force coercitive.

L'alliage servant à l'obtention de l'aimant doit, conformément à la présente invention, posséder la composition suivante :

| | |
|---|---|
| Cobalt.............. | 5-60 %. |
| Molybdène........... | 1-10 %. |
| Chrome.............. | 0,5-10 %. |
| Acier au carbone (avec 0,5-1 % de C.)... | le reste. |

Le chrome peut être supprimé sans diminuer notablement les propriétés magnétiques de l'alliage.

Le procédé pour l'obtention de cet acier à aimant consiste à fondre le mélange des éléments métalliques spécifiés ci-dessus à une température de 1700° à 1800° C.; après un refroidissement suffisant, on forge le lingot et on lui donne la forme d'un aimant, puis on le trempe à une température de 1100° C. (la température de la trempe pour des aciers à aimant ordinaires est d'environ 800° C.); ensuite, l'acier est fortement aimanté au moyen d'une bobine ou d'un aimant puissant. L'aimant ainsi obtenu est supérieur, d'une manière presque incomparable, à ceux déjà connus, en ce qui concerne :

1° La force coercitive, qui dans les aimants du meilleur type connu jusqu'ici ne dépasse pas 75 unités C. G. S., atteint, dans l'aimant suivant la présente invention, 200 unités C. G. S.; pour cette raison la perte magnétique ou désaimantation en raison du temps ou à la suite de chocs est excessivement faible;

2° L'intensité d'aimantation par unité de volume, qui, dans les aimants connus du meilleur type, dépasse rarement 600 unités C. G. S., après que ces aimants ont subi un vieillissement artificiel, dépasse, par suite de la grande force coercitive de l'aimant suivant la présente invention, 700 unités C. G. S., après qu'on a fait subir à cet aimant un vieillissement artificiel.

Les caractéristiques remarquables de l'aimant suivant l'invention ont été obtenues par un procédé entièrement nouveau et original d'alliage d'acier au carbone avec du cobalt et du molybdène.


RÉSUMÉ.

L'invention vise :

1° Un alliage d'acier au carbone, de cobalt et de molybdène;

2° Un alliage d'acier au carbone, de cobalt de molybdène et de chrome;


**Prix du fascicule : 1 franc.**

図 1-2　KS 鋼のフランス特許第 498,225 号の特許明細書.

**118,601**

**PATENT SPECIFICATION**

*Convention Date (Japan), June 15, 1917.*

*Application Date (in the United Kingdom), June 26, 1918. No. 10,531/18.*

*Complete Accepted, July 31, 1919.*

COMPLETE SPECIFICATION.

**Magnet Steel.**

We, Sumitomo Chukosho, Limited, of No. 249, Shimaya-cho, Nishi-ku, City of Osaka, Empire of Japan, do hereby declare the nature of this invention and in what manner the same is to be performed, to be particularly described and ascertained in and by the following statement:—

This invention relates to an alloy steel for the manufacture of permanent magnets.

Alloys containing cobalt, chromium, with or without small additions of other metals of the chromium group, and iron with a low percentage of carbon (.2 to 1%) are already known for the manufacture of metal working and other tools, in which the proportions vary from 5 to 70% for cobalt and from 5 to 75% for iron.

According to the present invention steel for permanent magnets is made of an alloy containing from about 20 to 60% of cobalt with or without a proportion of vanadium, tungsten, molybdenum or some other metal of the chromium group and from the resulting alloy a good permanent magnet of a strong residual magnetism and a large coercive force is made.

Detailed description:—

The chief constituents of the steel of this invention are about 20 to 60% of cobalt and the rest of the percentage carbon steel. The steel of this composition gives good results for the said purpose, but when 0.5 to 20% of tungsten or 0.2 to 15% of molybdenum is added, magnet steel of superior quality is obtained. The carbon steel to be used in this alloy should contain from about 0.3 to 2% of carbon, and according to the present applicants' investigation, about 35% of cobalt gives the best result, but the determination of this percentage depends upon the exact proportions of the other constituents.

The alloy steel of above description is made by the following method:—

The mixture of the metals above mentioned is melted together at a temperature of about 1700° to 1800° C., cast in a mould, and cooled down slowly; the ingot is then forged in any required shape of magnet. This is hardened at a temperature of about 900° to 1000° C. (this heat is much higher than that used in ordinary processes), and then it is strongly magnetised. The magnet thus made is far superior to any hitherto known in the following points:—

(1) Coercive force. The force in the bar magnet hitherto known can not exceed 75 C.G.S. units, whereas, in the new magnet, it reaches as high as 200 C.G.S. units, so that the decay of magnetism by time or shocks is very small.

[*Price 6d.*]

図 1-3　KS 鋼の英国特許第 118,601 号の特許明細書.

著名な鉄鋼関係の賞で、学者ではジョン・パーシーやブリネルが、企業人ではクルップやカーネギーが受賞している。本多の受賞理由についてマンガン鋼で有名な英国のハッドフィールド卿が母校シェフィールド大学の講演で次のように語っている…

「本多は研究所の責任者である。彼と彼の助手は優れた研究を行い、数多くの論文を我々の鉄鋼協会に寄稿してきた。それらの多くは大変興味深いものであった。これまで、このような論文の多くはヨーロッパ大陸、とくにドイツに送られていたが、本多博士は英語で出版する団体、主に英国鉄鋼協会に論文を送っている。本多教授によってなされた卓越した研究業績を見て鉄鋼協会委員会は一九二二年五月四日にこの年のベッセマー金メダルを贈った。」

本多の受賞あるいは英国における評価は、KS鋼の発明というより、鉄鋼学全般の研究業績が認められた結果といえよう。

欧州三カ国の特許請求範囲の内容は日本特許とほぼ同じであるが、米国特許とカナダ特許の特許請求範囲は、段階を追って範囲を限定する多項制で書かれている。米国特許第一三三八一三三二号（図1-4）では十五項目、カナダ特許第一九七五六六号では十八項目となっている。日本特許の請求範囲が四項目で「合金鋼の組成とそれを附磁したるもの」と簡単に記載されているのに対して、両国の特許の範囲はより具体的に指定されている。本質的な請求の内容は同じである。

# UNITED STATES PATENT OFFICE.

KOTARO HONDA, OF YONEGA-FUKURO, SENDAI, JAPAN, ASSIGNOR TO SUMITOMO CHUKOSHO, LTD., OF OSAKA, JAPAN, A CORPORATION OF JAPAN.

MAGNET-STEEL.

**1,338,132.** Specification of Letters Patent. **Patented Apr. 27, 1920.**

No Drawing. Application filed October 22, 1917. Serial No. 197,837.

*To all whom it may concern:*

Be it known that I, KOTARO HONDA, D. Sc., citizen of Japan, residing at No. 21 Kanoko Shimidzu, Yonega-fukuro, Sendai, Japan, have invented certain new and useful Improvements in Magnet-Steel; and I do hereby declare the following to be a full, clear, and exact description of the invention, such as will enable others skilled in the art to which it appertains to make and use the same.

This invention relates to novel magnet steels and to magnets made therefrom. More particularly, the invention relates to the manufacture of permanent magnets from alloys comprising carbon steel, cobalt, and one or more metals of the chromium family. Magnets made in accordance with the invention materially excel magnets heretofore known especially in point of strong residual magnetism and large coercive force.

In the particular embodiment of the invention here chosen for purposes of illustrating and explaining the broad principles involved, tungsten is the particular metal of the chromium group constituting an essential ingredient of the alloy, the use of chromium in addition to tungsten being very desirable but not essential. In my copending application, Serial No. 197,838, filed October 22, 1917, is disclosed and claimed another specific embodiment of the invention in which chromium is the only metal of the chromium group specified as an essential ingredient of the magnet steel in question; while in another copending application Serial No. 197,839, filed October 22, 1917, is disclosed and claimed another specific embodiment of the invention in which molybdenum, and optionally chromium, are specified as ingredients of the alloy steel.

In a typical instance, a magnet embodying the principles of the invention may be made of an alloy steel having the following range of composition:

Cobalt, 5–60%; tungsten, 1–10%; chromium, 0.5–10%; carbon steel, (with 0.5–2% carbon,) the remainder. Most desirably the cobalt content is from 20 to 60%, and 35% has been found particularly suitable. The chromium, although a desirable constituent, may be omitted without seriously diminishing the magnetic property of the alloy. Other elements commonly present in steel may also be present in the alloy, and vanadium or the like may also be added.

In manufacturing this alloy steel, a mixture of the above-mentioned metallic ingredients may be melted at a temperature of, say 1700° to 1800° C., and poured to form an ingot. When sufficiently cooled the ingot is forged and worked into the form of a magnet, and is then hardened as by quenching at a temperature of say around 1100° C., for example, this temperature being considerably higher than the quenching temperature for ordinary magnet steel which is about 800° C. After quenching, the shaped body of paramagnetic metallic material is strongly magnetized with the aid of a powerful magnet or coil.

The magnet produced in the manner described is far superior to magnets heretofore known in the art, particularly as regards—

(1) Coercive force which in magnets of the best type heretofore known does not exceed 75 C. G. S. units, whereas in the present magnet, the specific coercive force reaches 200 C. G. S. units. For this reason, loss of magnetism or so-called magnetic decay, due to shock or lapse of time is exceedingly small in the case of the present magnet.

(2) Intensity of magnetization per unit volume, which in the known magnets of the best type rarely exceeds 450 C. G. S. units after artificial aging; whereas owing to its large coercive force the intensity of magnetization of the present magnet commonly exceeds 700 C. G. S. units after artificial aging.

The foregoing remarkable distinguishing characteristics of my new magnet obviously render the same capable of wide use to an increased extent in arts in which the magnet plays an important part.

What I claim is:

1. A method of preparing permanent magnets which comprises quenching a body of paramagnetic alloy steel containing cobalt at a temperature substantially above 800° C., and thereafter magnetizing the same.

2. The method of preparing permanent magnets which comprises quenching a body of an alloy steel containing from about 5 to 60 per cent. cobalt, from about 1 to 10 per cent. tungsten, and from about 0.5 to 10 per cent. chromium, at a temperature substan-

図 1-4 KS 鋼の米国特許第 1,338,132 号の特許明細書.

米国特許は各国の出願の中で最も早く出願されたが、審査に時間がかかり、二年半後に登録された。他の米国特許の審査経過を見てみると、多くが一年以内に特許が認められており、ＫＳ鋼の審査には手間がかかったと推測される。同じ時期に出願された磁石関係の米国特許を詳しく調べると、ＫＳ鋼の審査中に米国のウエスチングハウス社からＫＳ鋼と類似の磁石鋼が出願されていたことが判明した。コバルトとクロム系の金属を含む永久磁石鋼の発明が一九一九年一月十六日に出願されていた。ＫＳ鋼の特許登録日が一九二〇年四月であるから、一九一九年に同時に二件の特許が審査に係属していたことになる。米国の特許制度は先発明主義であるから、出願日があとであっても発明が先になされていれば後の出願が特許になる。審査の結果、本多のＫＳ鋼は一九二〇年に特許になったが、ウエスチングハウス社の鉄・コバルト・クロム磁石は長い審査ののち一九二八年に米国特許第一六七八〇〇一号として特許登録された。組成範囲はＫＳ鋼の請求範囲から外れており、磁石としての最適組成は先発明であるＫＳ鋼の範囲内にある。当時、住友本社で経理部長だった大屋敦は「ゼネラル・エレクトリックおよびウエスチングハウスをも含めＫＳ鋼の大量利用を慫慂するとともに、競願者との特許繋争を解決せんと決心したのであります」と書いている。

磁石鋼の専門家ならどこの国にあっても同じアイデアを思いついて当然であろう。例えば、ウエスターンエレクトリック社が発表した論文の中に、「多数の三元、四元時効硬化合金を調べた。鉄・タングステン・コバルトと鉄・モリブデン・コバルト合金は異常な時効硬化特性を示した。鉄・タングステン・コバルト合金は調べた合金の中で最良の磁気特性を示し、コバルト磁石鋼を除くすべての永久磁石材料より優れていた」とある。ここにコバルト磁石鋼とあるのはＫＳ鋼のことである。同社の合金は炭素の入っていない時効硬化性の合金で、そのうちの鉄・モリブデン・コバルト合金は「レマロイ」として商品化され、同社製の電話の受話器に使われた。

ＫＳ鋼は特許登録の翌年に商品化された。特許明細書に書かれたＫＳ鋼の組成範囲はきわめて広いが、実際に商品化されたＫＳ鋼の組成は『本多光太郎傳』に「理化学辞典の「ケーエス磁石鋼」のところを見ると次の通り書いてある。…コバルト三〇〜三五%、タングステン六〜八%、クローム一・五%、炭素〇・八%を含む磁石鋼」とある。発明から六十五年後に当たる一九八五年に、特許庁は日本の特許制度百周年を記念して「日本の十大発明家」を顕彰した。本多光太郎はその一人に選出された。特許庁発行のパンフレットの中にＫＳ磁石鋼の写真が掲載されており、そこにコバルト三三%、タングステン八%、クロム一・五%、炭素〇・九%と表記されている。このあたりが実際の製品の組成であろう。

住友金属工業六十年小史によれば、「当所においてその工業化に成功したが、高価なため一九三〇年ころまでは国内よりもかえって欧米諸国で賞用された」。住友特殊金属三十年史には、「一九三〇年の生産量は、年間わずか一トン、販売金額は約三万円であった」と具体的な数字が記されている。金額から見て、欧米諸国で賞用されたというのはサンプル出荷であって、実需があったとは考えられない。

売り上げが低迷したのは第一次大戦後の構造的な不況が長く続いたためである。関東大震災と金融恐慌がこれに続き、とくにひどかった鉄鋼業が不況を脱したのは約十年後である。ＫＳ鋼の売り上げが伸びたのは一九三〇年代である。一九三二年に売り上げは二十四万円となり、一九三五年には四十万円、年産十トンをこえた。ＫＳ鋼の二件の特許は当時の特許法による特許権存続期間延長制度の適用を申請し、一九三三年に三年間の延長が許可された。

## ウエスターンエレクトリック社との提携契約

一九二〇年代にＫＳ鋼が住友に利益をもたらしたのはＫＳ鋼の製造販売よりも、住友電線の設立にからむウエスターンエレクトリック社（以下ＷＥ社と略称）との提携契約である。住友電工百年史によると、提携のきっかけは一九一九年八月に住友電線の所長利光平夫が逓信省の工務課長大井才太郎から受け取った一通の手紙であった。その内容は…

「先日、来日していたＩＷＥ社（ＷＥの子会社）副社長コンディット氏の話によれば『米国のある電線会社が自己の持つ長年の経験と専売権を出資して、日本の銅線製造会社と合弁企業を起こしたい希望を持っている』とのこと。そこで、この話を住友電線に持ち込みたいのだが、住友は従来、他社との共同経営を行ったことはないようなので、実現する見込みはあるのかとのことだった。（中略）この報告を聞いて、今後世界の長距離電話の趨勢は重信ケーブルへ移行すると早くから考えていた利光は大いに心を動かした。直ちに、米国の視察を終えて滞欧中の理事湯川寛吉に報告した。（中略）WE社の 重信ケーブルの製造技術が手に入ることは、住友電線として願ってもない話であった。さらに日本電気との提携はケーブル以外の付属品の製作などの面でも得るところがあろうとの意向もあった、WE社から持ち込まれた提携話をさらに煮詰めることになった。（中略）株式の譲渡比率やプレミアムの問題などについて住友側では総理事鈴木馬左也を中心に首脳陣が何度も議論を重ねた。そこでまとまった案を持って、経理部長の矢島富蔵は一九一九年十一月に渡米し、WE社の首脳部との交渉に臨んだ。だが、提示されたWE社側の要求の内容は、東京での会見で示された条件とは大幅な隔たりがあった。特にWE社側は他国の会社に投資する例を持ち出して、住友電線製造所の株式五〇％譲渡の要求に固執し、譲る気配はなく、交渉は暗礁に乗り上げた。（中略）思案苦慮した矢島は、住友が高磁力磁石鋼の製作特許権を持っていることを思いついた。これは四年、住友が東北帝国大学教授本多光太郎博士に特殊鋼の研究を委嘱した際、六年に発明、開発に成功した新コバルト合金で、世界の学会を刺激したもので、住友家家長の住友吉左衛門の名をとってＫＳ磁石鋼と呼ばれていた。第一次世界大戦で輸入が途絶した特殊鋼をわが国の独自技術で開発し、産業界に大きな貢献をもたらした合金でもあり、住友鋳鋼所が製作販売の権利を持ち、七年から製造・販売していた。矢島は、この特許権の使用をWE社に交換条件として提示、相互の利益、技術提携を密にすることで住友電線の株式譲渡比率の軽減を求めることができないかと考えついた。この提案がきっかけとなって、株式譲渡比率はWE社側と再検討されることになった。交渉を重ねた末、ようやく株式会社に改組した場合の住友電線の株式のうち二十五%を日本電気へ譲渡し、日本電気の株式の五%を住友電線に譲り受けること、さらに特許権については相互にしかるべき特許料を支払うことで双方の意見は一致した。」

交渉は継続し、住友電線は日本電気と株式を持ち合うかたちで株式会社住友電線製造所として新たなスタートを切った。同社は現在の住友電気工業株式会社へと発展することになる。WE社がのちに住友に支払ったKS鋼の特許料は三十万ドルといわれ、当時の邦貨約六十万円に相当する。株式譲渡比率を二十五%に下げたことの利益は、その後の同社の電線事業の発展を見ればいかに大きなものであったかは明らかであろう。

KS鋼特許の外国における実施許諾については、住友特殊金属三十年史に

「一方、欧米の先進国はこの発明に敏感に反応した。アメリカやドイツでは電信電話業界がKS磁石の使用を計画し、株式会社住友製鋼所(大正九年住友鋳鋼所から改称)へ海外から実施権の要求があいついだ。住友製鋼所は一九二五年にアメリカのWE社へ、一九二七年にインターナショナル・スタンダード・エレクトリックへ、さらに一九三〇年にウェスチングハウス・エレクトリック・アンド・マニュファクチュアリングへと、海外でのKS磁石の実施権を許諾した。のちにこの会社からさらにアメリカ・ドイツ・スイスの数社へその再実施権が許諾された。これにより住友製鋼所へ多額の特許

実施料が入ってきたが、大正から昭和初期にかけて欧米の先進諸国から多額の特許実施料を受けるということは、当時世間の大きな話題となった。」

とある。一九二七年に米国ＷＥ社はＫＳ鋼の組成範囲内のコバルト鋼にマンガン等の添加元素を加えた合金や熱処理に関する改良特許を出願した。

## 企業から見たＫＳ鋼の評価

以上が国内外におけるＫＳ鋼の特許と工業化の状況である。そこには、企業戦略的な側面、つまり、ＷＥ社がＫＳ鋼特許を高く評価し、住友鋳鋼所が世界各国に特許出願した背景があった。一九一〇年代の前半は、セオドア・ベイルがベルシステムの基礎を築き上げた時期に当たる。米国電話電信会社（ＡＴ＆Ｔ）がシステム全体の統括と長距離回線の運営を、二十三の運用会社が各地域の電話事業を、ＷＥ社が製造部門全体を担当した。巨大なベルシステムは会社設立当初から特許訴訟の多い会社で、一八九九年にベルの電話の基本特許が切れるまでに六百件の訴訟があったといわれる。特許訴訟はその後も数多く、その対策として有力な特許があれば出来るだけ手に入れるのが同社の基本方針となっていた。自社内でほぼ開発できていたにもかかわらず、ピューピン博士がアイデア出願した装荷コイルの特許を数十万ドルで買い取った話は有名である。安全を守る特許部門の発言力が強かったためといわれた。

一方、住友家は第一次大戦の影響で住友伸銅所、住友銀行を中心に成長をつづけ、財閥としての基礎を築きつつあった。当時の住友の総理事は鈴木馬左也で、住友電線製造所や日米板ガラス（現在の日本板硝子株式会社）を設立し、米国の電話事業の状況は十分にわかっていた。経理部長が磁石特許の利用を思い付くような雰囲気が住友本社の中にあった。住友財閥に関する社史、著述等は当時の雰囲気を良く伝えている。

参考文献

1　石原悌次郎、『本多光太郎傳』、本多記念会、（一九六四）
2　本多先生記念出版委員会編、『本多光太郎先生の思い出』、誠文堂新光社、（一九五五）
3　平林眞編、『本多光太郎―マテリアルサイエンスの先駆者―』、アグネ技術センター、（二〇〇四）
4　勝木渥、ＫＳ磁石鋼の発明過程ⅠⅡ、「科学史研究」、日本科学史学会編、（一九八四）
5　佐川眞人、ＫＳ鋼の発明から NdFeB 磁石まで、「研友」、61（二〇〇三～二〇〇四）
6　鈴木雄一、『金属』八十二巻、（二〇一二）三号

## 後日談① フェロタングステン

ＫＳ鋼にかぎらず、タングステンを使った合金鋼は、昭和に入るまで一向に生産が伸びなかった。最大の理由は、原料のフェロタングステンにあった。満足に使える国産のフェロタングステンが製造できなかったのである。

日本特殊鋼株式会社の歴史を描いた野口幹世の『存亡』に、「東京砲兵工廠よりの注文で高速度鋼を手がけることになったが（大正六年）、国内でタングステンを入手できなかったところ、たまたま、八幡製鉄所でフェロタングステンを試作し、それを分けてもよいというので、係員が現地に出張して、当時の科長・渡辺義介（後に八幡製鉄株式会社社長）との交渉やら手続きやらで、一ヶ月も滞在して、やっと一トン貰えた。ところが、これが何分にも試作品でカーボン含有量が高く、二パーセント以上もあり、ルツボ製鋼ではカーボン量を落とせない。すぐの用には役立たないので、他から工面してやっと間に合わせて納品した。」と書かれている。

特殊製鋼株式会社の『石原米太郎回想録』に、石原はフェロタングステンを比較的容易につくることができたが、良質な鉱石を入手できないため、もっぱら輸入品に頼ることにしたと書いている。同じ書の中で、一九一八年（大正七年）から九年にかけて「東京砲兵工廠から製造命令をうけた電話器用のタングステン磁石鋼には、少なからず手をやいたといわれる。十トンばかりの注文に、五十トンを持ちこんで、ようやく責を果したのである。この種の鋼は八幡時代にはおそらく製造の経験がなかったのであろう。」と云っている。

国産の原料でタングステン鋼がまともに製造できるようになったのは、日本の特殊鋼のメーカーが立ち上がり、軍主導で兵器向けのタングステン鋼材の供給をはじめた一九三〇年からである。

参考文献

1　石原米太郎回顧録編修委員会、『石原米太郎回顧録』、七九六頁、四〇五頁
2　特殊鋼倶楽部三十五年史編纂委員会編、『特殊鋼倶楽部35年史』、（一九九二）

# 第二話　三島徳七とＭＫ鋼

三島徳七は長年東京帝国大学に奉職した金属学者で、とくに助教授時代に発明したＭＫ鋼の発明で名高い。ＭＫ鋼はのちに世界の磁石界を席巻したアルニコ磁石の基礎となる鉄・アルミニウム・ニッケル系の析出硬化型磁石鋼で、従来の磁石の理論をくつがえす大発明であった。本多光太郎のＫＳ鋼に続く三島のＭＫ鋼の発明によって、世界におけるわが国の磁石研究の優位が確定したと云ってよい。

三島徳七（三島良直氏提供）

三島徳七は明治二十六年（一八九三年）二月二十四日に淡路島で生まれた。七人兄弟の末っ子であった。幼い頃から学業成績にすぐれ、一高から東大に進学。はじめ理学部の星学科に入ったが、一年後に、工学部冶金学科に再入学した。東京大学を卒業すると、俵国一教授の鉄冶金教室の講師に任命された。次の年に助教授に昇任し、金属組織学の講義を担当した。徳七は東大在学中に三島家の二三子と結婚し、三島家の養子となった。養父の三島通良は医学博士であり、研究に理解があった。同家は裕福で、徳七の研究生活に良い影響を与えた。徳七は一九二八年に工学博士の学位を授与され、これを機会に、従来の研究テーマに加えて、独自の発想による研究をはじめた。研究成果は早々にあらわれ、ニッケル鋼の非可逆変態の研究を開始して三カ月もたたないうちに、強力な磁石を発見した。

## ＭＫ鋼発明の動機と経緯

ＭＫ鋼の発明の経緯は、三島自身が書いた「私の履歴書」が事実に基づき、生き生きとしているので、そのまま引用する。わかりやすくするため、見出し、句読点などを挿入した。

「私は最初からＭＫ磁石合金を発明しようとして鉄・ニッケル系の磁性合金の研究にはいったのではない。そのころ鉄とニッケルの二元合金には、非常に特徴のある製品が世界に二つ生れていた。一つはフランスのギオムが発明した鉄にニッケル三十六％を入れた合金で、これは温度による膨張係数が非常に小さくメートルの原器になった。もう一つは米国のエルメンが発明したニッケル七八・五％の「パーマロイ」と称する製品で、導磁率が高く、海底電線の進歩に大きな貢献をした。

鉄に入れるニッケルの量によって、このように画期的な特性を持つ二つの合金が発見された。この二元系をもっと詳細に研究すれば、さらに変わったものが出てくるのではないか—私はまずここに着目した。

そして着手したのがニッケル鋼（ニッケル二十五％の鉄合金）の研究である。このニッケル鋼は当時無磁性材料として広く工業用に使われていた。鉄もニッケルも強磁性体であるのに、この両者の合金は磁性がないのである。それにこの合金の磁気変態点（磁性が変わるときの温度）は、温度を上げていく「行き」と、温度を下げていく「帰り」とでは四百度ぐらい開きがある。したがってこの合金を一度高温まで加熱して無磁性の状態にし、それを冷たい空気中で急に冷やすと、途中で磁気変態を起こさぬまま常温に達して無磁性になる。そうしたことから、この合金は「非可逆鋼」と呼ばれ、その現象は非常に珍しいものであった。

ところが、なぜそうなるかについては、世界で何人かの学者が究明していたものの、必ずしもその意見が一致していなかった。私はこれに疑問と興味を感じた。そしてまずこれから解明してみようと考えたのである。

## ニッケル鋼にアルミを添加

私はこの合金の「行き」と「帰り」の変態点の差をちぢめていけば何か新しい現象が起こるのではないかと考え、変態点の開きをちぢめたとき、磁性にどのような変化が起こるかを、まず実験してみることにした。

それには四百度もある変態点の開きをちぢめていく元素をなにか推定してみつけ出さなければならない。つまり非可逆性のニッケル鋼にどんな元素を入れたら変態点の開きがちぢまって可逆鋼になるかということである。そのとき私の頭にアルミニウムが浮かんだ。前述のように、アルミは後藤先生と共同で研究したことがあり、アルミには鉄の変態点を上げる傾向があることを知っていたからである。

そこでいつものやり方でこのニッケル鋼にアルミを、〇・五、一・〇、一・五％と逐次添加して直径五ミリ、長さ十五センチほどの棒を何十本もつくり、しらみつぶしに磁性の変化を調べていった。

関東大震災のあと、東大にも鉄筋コンクリートの建物ができ、私はその四階の研究室にいた。地階には溶解や仕上げの工場がある。アルミを入れた実験用サンプルは一応磁化したのち、磁性をはかるため一定の寸法に仕上げる必要があるので、それを地階の工場でやらせていた。この工場には杉浦君といって、砲兵工廠から転職してきた職工がいて、旋盤その他なんでも引き受けていた。

**ある日、とんでもないことが起こった**

杉浦君はまじめな人柄で、いつでも頼んだ翌日には仕上げて持ってくるのに、その日にかぎって私のへやに現われない。たしか五本ほど、例の実験用サンプルの仕上げを頼んでおいたはずである。私は工場に降りて行って、

「きみ、いっこうにサンプルを仕上げてくれないじゃないか。待っているんだよ」

「先生、変ですよ。きれいに仕上げようと思って、こうしてやっているんですが、うまくいきません」

なるほど、旋盤のバイトはいつものように走らないし、けずりくずは落ちないで旋盤にくっついたままだ。

そのとき、私の脳裏にさっとひらめくものがあった。バイトが走らないのも、けずりくずが落ちないのも、私のつくったその細いサンプルから発する磁気のせいなのである。かつて見たこともない強力な磁石合金が、いま目の前にあるのだ。歓喜がじいんとこみ上げてきた──。

この実験をしているうちに、何かが出てくるだろうという予想は立てていたが、実験を始めて三カ月もたたないうちに、こんな強力磁石が現れようとは考えてもいなかった。そのサンプルをはかってみるとなんと本多光太郎先生が発明したKS鋼よりも強い磁石になっているではないか。私はほかの研究はほったらかしにして、これを理論的に研究立証することに全力を集中した。いわば裸の胴体だけはできたが、それに手足をつけ、着物を着せて一人前にする仕事が残っていたのである。

## アルミの他に四種以上の元素を添加

まず私は鉄・ニッケル・アルミニウムの三元系合金の状態図を作成、それから百種にあまる実験サンプルをつくり、その一つ一つに熱処理を施し、熱処理による組織の変化と磁性の変化を調べ、さらにX線分析などを行って徹底的に調べ上げた。これだけの仕事を普通にやると二年はかかる。そんなことをしていては、世界のだれかに先を越されるかもしれない。私は、それこそ日曜日といわず、祭日といわず、朝から晩までこの実験と取り組んだ。

やがてだいたいの骨組みができあがった。だが私はあとでだれが研究しても、これが決定版だというものをつくってから発表したかった。他の元素を入れればもっといいものができるかもしれない。そこでアルミのほかにコバルト、銅、ケイ素と入れて四元の実験までやったが、さらに添加したい元素は十種以上もあるので、実験がたいへんだった。

「三島はこのごろうんともすうとも言わない。論文も発表しないし、外国留学をすすめられても当分だめだという。何をやっているのかさっぱりわからない…。」—当時同僚だった助教授連は、私のことをこう言ってうわさし合っていたという。

## ＭＫ磁石完成、特許出願へ

こうして一年ほどたった一九三一年、ＭＫ磁石合金の研究は一応完成した。ＭＫの名は養家の三島と実家の喜住の頭文字をとってつけたものである。そこでまず日本特許の出願をしたが、特許弁理士に頼まず、自分で書いて持参したのはわれながら失敗であった。じょうずに書けば二、三件ですんだものを十何件という特許にして出したから特許審査官に「書き直して下さい」と注意されてしまった。だがその審査官はまことに親切な人で、いろいろ忠告をうけ、便宜をはかっていただいた。

## 外国への特許出願

こんどは外国への特許出願である。これにはかなりの費用がかかったが、私は、米、加、英、独、仏、スイス、スウェーデン、ベルギーなど欧米十カ国に自費で特許を出願した。このときも月給を自由にできるのがものをいったわけだ。

特許出願が一応すむと、俵先生はじめみんながそろそろ発表したらどうかというので、一九三二年四月の工学大会で「新強力永久磁石」の発表を行った。

このＭＫ磁石合金は、自分で言うのもどうかと思うが、世界のマグネットの歴史上、画期的な研究発明であった。永久磁石としては従来のものの二、三倍の強さがあったこともその一つだが、学問的に従来のものが焼入れ型だったのに対し、析出分散型といって、全く新しい理論の展開であった。鉄・ニッケルという母体が無磁性で有名だったところへアルミという無磁性がはいって、強力な磁石をつくり出すというのだから、なかには信用しない学者さえ出る始末だった。

現に私の発明を聞いたドイツのロバート・ボッシュ社の研究所長あたりは、東京の代理店に信用してはいけないという電報を打ってきたくらいだ。そんなはずはない。三島は山師だろうというのである。が、事実はあくまで事実だった。私はその後、このボッシュ社にＭＫ磁石合金の欧州における特許実施権を譲渡し、以来今日まで、同社とは深い関係を結ぶようになるのである。

私はその後も、このＭＫ磁石合金に各種の元素を加えるなどして世界各国の特許を得た。その最も代表的なものは鉄・ニッケル・アルミニウム・コバルト・銅の五元合金で、これは日本ではＭＫ５、欧米諸国ではアルニコ5という名称で売り出され、現在も世界最強のマグネットとして好評を博している。

私はMK磁石の特許独占実施権を日本では東京鋼材（いまの三菱鋼材）に、アメリカ、カナダは米ゼネラル・エレクトリック社（GE）、欧州ではドイツのロバート・ボッシュ社にそれぞれ譲渡した。」

## MK鋼の日本特許

三島は若い頃から特許の重要性を十分認識しており、発明が一応完成すると、まず先に日本特許の出願をしたと言っている。三島の研究成果を見る上で、特許発明の内容を正しく理解することは重要である。MK鋼の場合、発明と出願の時期が明らかなので特許検索は容易である。特許庁の特許電子図書館で調べると二十件の特許が見つかる。主要事項をまとめたのが巻末の表2-1である。十八件の特許の特許権者が三島徳七で二件が東京鋼材株式会社である。はじめの十件は本人自身で書いており、一九三三年(昭和八年)以降は特許弁理士を使った出願である。最初に出願した特許第九三七八七号「高磁力合金」の特許請求の範囲は「本文所載の目的を以て本文に詳記せる如く、アルミニウム二～一五%、ニッケル五～三〇%、クロム一～四・九九%、炭素一%以下残部鉄を含有せる高磁力合金」となっており、クロムを必須添加元素として含んでいる。二番目に出願した特許第九六三七一号「ニッケル及びアルミニウムを含む磁石鋼」が重要な特許で、特許請求の範囲は「ニッケル五～四〇%、アルミニウム一〜二〇％、残部鉄の成分を含有するニッケル及びアルミニウムを含む磁石鋼」としており、クロムを含んでおらず、ＭＫ鋼の基本特許といえる。

## わかりやすい特許明細書

一般に、特許の明細書は必要最小限の技術内容しか書かないが、特許弁理士を使わずに三島自身が書いた明細書はいかにも学者らしく、発明の原理が詳しく書かれている。少し長くなるが、特許第九六三七一号の明細書の「発明の詳細なる説明」を引用させてもらう。カタカナを平仮名にかえ、句読点、見出しなどをおぎなった。図２-１は同明細書の図面である。

「従来、磁石鋼として使用せらるもの多数存在すれども、これに磁力を付与せしむるには何れも焼入を必要とするを以て、急激なる熱変化の為変形焼割等を発生し易きのみならず、使用中温度の上昇により磁力を減衰する欠点あり。またニッケルは強磁性体にしてアルミニウムは非磁性体なり。而して是等を単独に鋼中に合有せしむるも、磁気の強さに何等の好影響を与えず、磁性附加材としては徒費せられおると共に、ニッケル鋼においてニッケルの含有量五〜三〇％なるものは磁気変態点と温度との曲線が加熱の場合と冷却の場合とに依りて著しく異なり、第一図示の如く、加熱の際に磁気を失なう温度（$Ac_2$）点は冷却の際に磁気を得始むる温度（$Ar_2$）点よりも著しく高く、その差四百度以上に達するものあるを以って一般に此種のニッケル鋼は非可逆鋼と称せらる。このように多量のニッケル

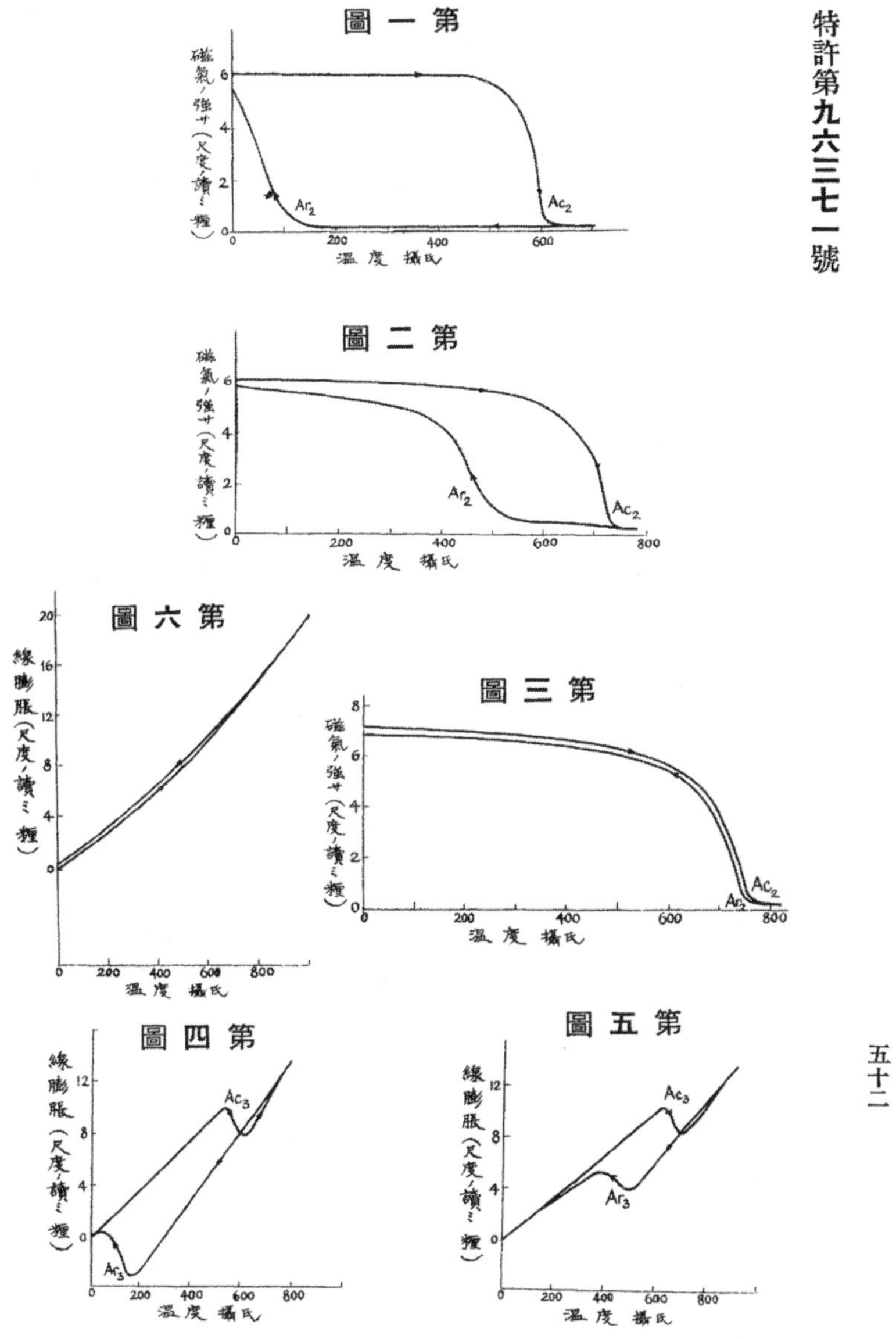


図 2-1　特許第 96,371 号の明細書図面

第七圖

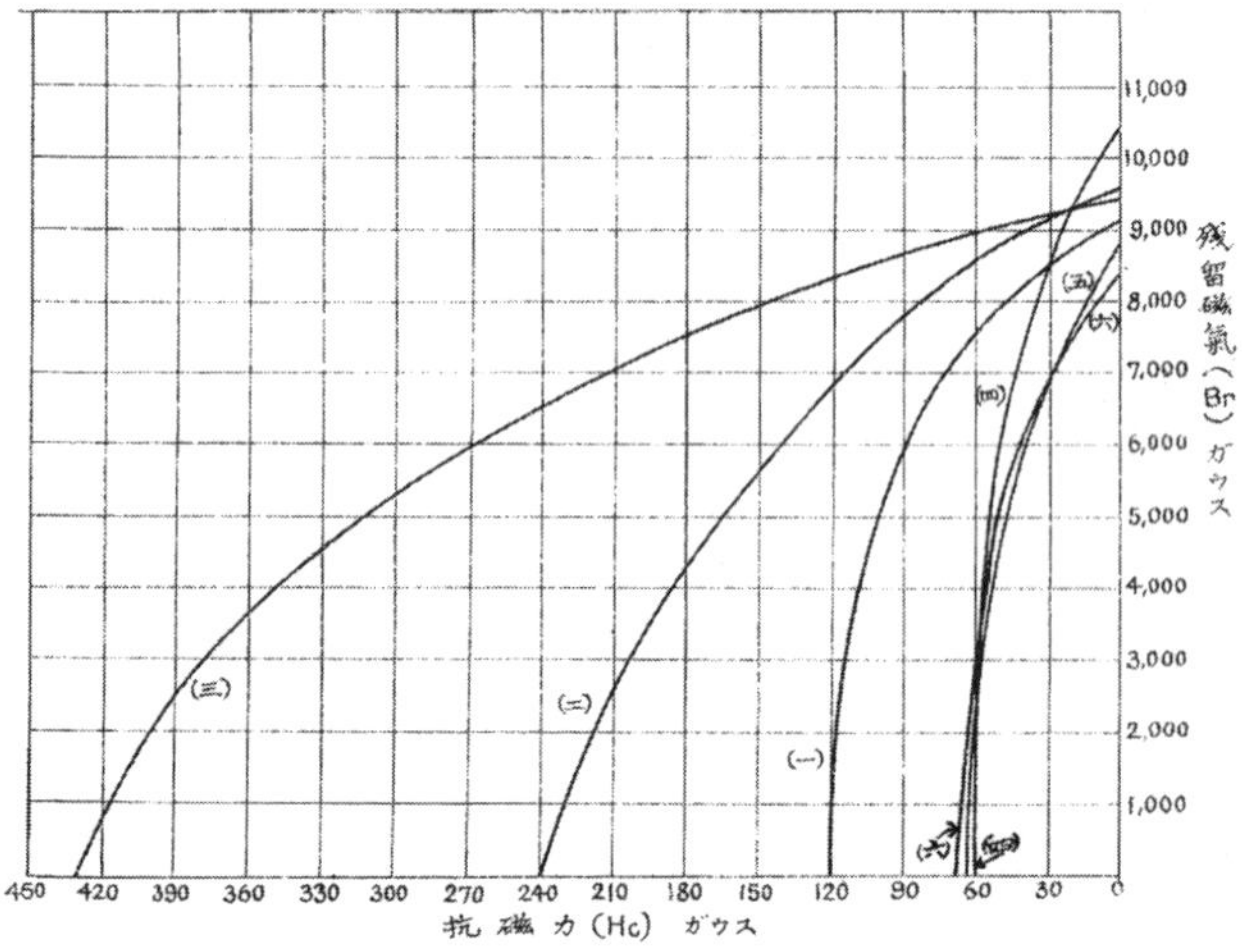




図 2-1　特許第 96,371 号の明細書図面（続き）

を含有するニッケル鋼は急冷する時は勿論、空中冷却せる時と雖も常温に達するも、（$Br_2$）変態を起さずして全然磁性を失ふに至る。これニッケル鋼が今日に至る迄磁石鋼として使用せられざりし事を学者の力説し、かつ一般営業者の首肯し居たる所以なり。本発明においては多量のニッケル及びアルミニウムを鉄中に含有せしめ、鋳造後焼入れを施す事なく、ただ熱変化機械的衝動等により殆ど影響せらるる事なく、高磁力を保有する鋼を甚だ廉価に提供せんとするものなり。本発明に依る合金の成分及其の範囲左の如し

| | |
|---|---|
| ニッケル | 五〜四〇％ |
| アルミニウム | 一〜二〇％ |
| 鉄 | 残部 |

今、その例としてニッケル一八％、アルミニウム一〇％、残部鉄、の成分を有する本発明合金を金型に鋳造後、摂氏七百五十度に三十分間熱したる後徐冷せるものは、第七図曲線（一）に示す如く、残留磁気九千百ガウス抗磁力百二十ガウスの如き高値を有す。またニッケル二四・五％、アルミニウム一〇％、残部鉄、及び不純物より成る合金は、第七図曲線（二）に示す如く、抗磁力二百四十ガウス、残留磁気九千六百ガウスを有し、ニッケル三〇・八％、アルミニウム一二％、残部鉄、及び不純物より成る合金は第七図曲線（三）に示す如く、抗磁力四百三十ガウス残留磁気九千四百ガウスなる高値を示す。なお本合金の熔製にあたり一・五％以下の炭素及少量の不純物を混入するも本合金の磁性には著しき影響なし。

## 焼入れしなくとも高磁力

次に添附図面を参照して本発明合金の鋳造後焼入を施す事なく高磁力を保有するのみならず、かえって徐冷する事に依り一層良好なる結果を得べき原理を説明せんに、第一図から第三図は温度と磁気変態点との関係を示す。曲線図第四図から第六図は第一図から第三図と対応して示せる鋼の膨脹と温度との関係を示す図にして、これにより鋼の（$A_3$）変態点〔加熱の際（α）鉄より（γ）鉄に変し冷却の際（γ）鉄より（α）鉄に変する点〕と温度との関係を示せり。今、ニッケルの含有量多き第一図示の如き磁気変態点と温度との関係を有するニッケル鋼、即ち非可逆「ニッケル」鋼に適量のアルミニウムを加ふれば、第二図示の如く（$Ar_2$）は（$Ac_2$）に近づき、漸次、アルミニウムの量を増し、或一定量に達せば、第三図示の如く（$Ar_2$）は（$Ac_2$）と略一致し、可逆鋼となる。これと同時に第四図示の如く、非可逆鋼において加熱の時（α）鉄より（γ）鉄に変する点（$Ac_3$）は冷却の時（γ）鉄より（α）鉄に変する点（$Ar_3$）よりも著しく高温度にして、其の差四百度以上に達するものあるも、之にアルミニウムの適量を加ふる事に依り、第五図示の如く（$Ar_3$）は次第に（$Ac_3$）に接近すると共に其の大さを減じ、遂にアルミニウムの一定量即ち第三図の場合に到れば、（$A_3$）変態点は全然消失〔第六図参照〕するを認め得べし。従て、本発明において非可逆鋼を可逆鋼に変し、而も（$A_3$）変態点を消失せしめたるを以て、従来の磁石鋼の如く焼入を施す事なく鋳造せるまま、又は鋳造後約摂氏七百五十度に焼鈍することによりて、高磁力を有し、且最も安定なる状態を得るの特徴を具有する事を容易に了解し得べし。

第七図において(一)(二)及(三)は本発明に依る磁石鋼の特性曲線を示し、(四)(五)(六)は夫々タングステン鋼:タングステン六〇%、炭素〇・七%、マンガン〇・四%、クロム鋼:クロム三・五%、炭素〇・四%、マンガン〇・三%、クロム-マンガン鋼:クロム四%、マンガン二%、炭素〇・七%、の特性を示す線図なり。なお此の図より明かなる如く、現今一般に使用せられ居る磁石鋼は何れも磁力甚だ小なれ共、本発明に依る磁石鋼は抗磁力(Hc)残留磁気(Br)共に著しく大にして、従て両者の相乗積なる磁力の甚大なる事は遥に他を凌駕し居る事明かなるべし。
上述する所に依り明かなる如く、本発明に依れば従来非磁石鋼として全然顧みられざりしニッケル鋼に廉価なるアルミニウムの適量を加ふる事に依り容易に磁石鋼に変し、而も焼入を要せずして高磁力を保有するを以て、焼入に伴ひて起る変形焼割等の弊害を除去し、永久磁石として一般用は勿論、精密測定機械等に使用して好適なり。従て本発明は単に電磁気工業界に優秀な磁石鋼を提供するに一止まらず、冶金学界に貢献する所甚大なるを信じて疑はず。」

## 特許権の取り方

一九六七年(昭和四十二年)に三島は「研究開発の問題点」(研究開発研究会編「研究開発No.1」)の中で特許の取り方に対する考え方を次のように述べた。

「特許というものは、研究がほぼ完成していれば早く取ったほうがよい。しかし、特許申請もやり、防御の特許も出しおわるまでは学術講演などはしないほうがよい。アイデアそのものが最初のアプリケーションで特許公告に出ると、これはおもしろいということになってすぐに多くの専門家や起業家がその利用面の研究をいそぎ、多くの特許を取ってしまう危険がある。そうなると、オリジナルの特許を持っているだけではどうにもならないことになる。

開発の場合、その着眼点がよく、技術的にも本当に新しいものだという場合には、会社としては研究費を重点的に出し、できるだけ早くものにするよう努力せねばならない（たとえば、一年限りとしてその年には通常の十倍の予算を組むなど）。要するに、研究開発はタイムリーであることが何よりも重要である。」

## 米国・カナダにおけるＭＫ鋼の特許

三島徳七が発明者になっている米国特許を検索すると、巻末の表２－２に示す七件が見つかる。米国における出願の経緯は、明細書のはじめに記載された日本出願日や特許請求範囲の記載からうかがえる。まず米国特許第二〇二七九九四号（図２－２）の明細書より、七件の特許が一件の出願の分割であることがわかる。日本の特許法では「追加の特許権は原特許権に付随す」とあるので日本で一九三二年までに出願した特許をまとめて出願したが、特許制度は国によって異なる。米国では添加元素が異なる合金は別発明と判断され、審査官の指示あるいは代理人の判断によって分割したと思われる。いずれにしても、日本で一九三一年十二月までに出願した特許第九三七八七号から第九八〇〇

**Patented Jan. 14, 1936** **2,027,994**

# UNITED STATES PATENT OFFICE

**2,027,994**

**MAGNET STEEL CONTAINING NICKEL AND ALUMINIUM**

**Tokushichi Mishima, Ochiai-machi, Toyotama-gori, Tokyo, Japan**

**Application January 20, 1932, Serial No. 587,822 In Japan March 9, 1931**

**4 Claims. (Cl. 175—21)**

The invention relates to a strong permanent magnet comprising 5 to 40% nickel, 7 to 20% aluminium and the remainder iron. It has for its object to economically obtain a permanent magnet which possesses an extremely high coercive force and a strong residual magnetism without being quenched after casting and preserves these qualities without being influenced by thermal changes and mechanical shocks and has small specific gravity and non-corrosive property.

Heretofore many magnet steels, such as tungsten-, chrome-, and chrome manganese-steels have been known. However, in order to obtain the best magnetic property, they must necessarily be quenched, and consequently they often suffer from deformation and quenching cracks. Besides, not only their coercive force and residual magnetism are low, but also during the use of these magnets their coercive force and residual magnetism decrease gradually.

The high-cobalt steel alone has a considerably high coercive force and strong residual magnetism. However, it has the disadvantages that it must be forged and heat-treated which is difficult, and in addition its cost is very high so that its general uses are greatly hindered.

Nickel is a ferromagnetic substance while aluminium is a paramagnetic one, and it has been known to all that these metals give no beneficial effects upon the coercive force and residual magnetism of steels when they are added to the latter individually.

Now nickel steels containing 5–30% nickel are called "irreversible steel" by which is meant that they become transformed at appreciably higher temperatures on heating than on cooling. That is, the $Ac_2$ point (the temperature at which magnetism is lost on heating) is considerably higher than the $Ar_2$ point (the temperature at which magnetism begins to obtain on cooling), and the difference amounts to over 400° C. For this reason, when cooling high-nickel steels from high temperature above the $Ac_3$ point, the $Ar_2$ transformation points are suppressed and the steels become non-magnetic at room temperature due to the retention of $\gamma$-iron. This is the reason why scientists insist upon, and metallurgists give assent, to the fact that the nickel steels can not be used for magnet steels.

According to the invention it is possible to economically obtain magnet steels which possess an extremely high coercive force and a strong residual magnetism without being quenched, and preserve these qualities permanently without being influenced by thermal changes and mechanical shocks. For this purpose the invention provides for a permanent magnet containing iron as its chief component, with the addition of 5–40% nickel and 7–20% aluminium.

In the accompanying drawings, Figs. 1 to 6 explain the principle upon which the invention is based; Figs. 1 to 3 being curves showing the relation between the temperature and the intensity of magnetization; Figs. 4 to 6 show the relation between the thermal dilatation and the temperature corresponding to Figs. 1 to 3; and Fig. 7 shows the demagnetizing curves, that is the fourth quadrant of the hysteresis curves comparing the magnetic properties of the steel according to the invention and those of other known steels.

Now, the reason why according to the invention a permanent magnet having high coercive force and strong residual magnetism can be obtained without being quenched, is explained with reference to the accompanying drawings.

Take a nickel alloy or an "irreversible nickel alloy" having such relation between the intensity of magnetization and temperature as shown in Fig. 1, and add to it a certain amount of aluminium. Then, as shown in Fig. 2 the point $Ar_2$ at which magnetism begins to obtain on cooling comes near the point $Ac_2$ at which magnetism commences to be lost on heating; by then increasing the amount of aluminium and attaining a proper amount, the point $Ar_2$, as shown in Fig. 3, coincides with the point $Ac_2$ the "irreversible steel" thus changing into a "reversible one". It will also be seen from Fig. 4, that the "irreversible nickel steel" has the point $Ac_3$, where the steel changes from $\alpha$ state to $\gamma$ state on heating, considerably higher than the point $Ar_3$, where the steel changes from $\gamma$ state to $\alpha$ state on cooling. And the temperature-difference between $Ac_3$ and $Ar_3$ is in fact over 400° C.

According to the invention the phenomena are entirely different and proceeds as follows: with the gradually increased amount of aluminium, the point $Ar_3$ comes, as shown in Fig. 5, nearer and nearer to the point $Ac_3$, and with such a definite addition as corresponds to Fig. 3, the point $A_3$ disappears entirely as shown in Fig. 6. Thus the "irreversible nickel steel" can be changed into a "reversible one" by the addition of aluminium, while the transformation point $A_3$ entirely disappears. It can therefore easily be seen that according to the invention high coercive force and strong residual magnetism are obtained without

図 2-2　ＭＫ鋼の米国特許第 2,027,994 号の特許明細書.

一号に相当する九件の発明は米国ですべて特許になっている。

米国出願における最大の問題は、同時期にゼネラル・エレクトリック・カンパニー（以下ＧＥと称する）から出願された二件の特許が先に登録されたことである。米国特許第一九四七二七四号と第一九六八五六九号「永久磁石とその製造法」（発明者　ウイリアム・Ｅ・ルーダー）である。前者がアルミニウム六～一五％、ニッケル二〇～三〇％、残部鉄からなる合金、後者はこれらに一〇％までのコバルトを加えた合金である。米国は先発明主義であるから、遅れて出願しても先の発明である事実が証明されれば、特許登録の権利を得る。三島の発明は先願であり、なおかつ一九三一年に日本で特許出願されているから、ＧＥがそれより先に発明した事実を証明できなければ、三島が権利を得る。実際そのようになった。三島の請求範囲はこの系の磁石鋼の主要成分をカバーしているから、ＧＥは何としても三島から実施権の許諾を受ける必要があった。熱処理に関してはＧＥが特許権を得た。

時期から見て、両者の発明はまったく独立になされたもので、ボゾルスの有名な教科書『フェロマグネティズム』に「ルーダーは独立にこの合金が時効硬化であることを見つけ、合金に適した熱処理を最初にほどこした」あるいは「三島とルーダーは独立に鉄－ニッケル－アルミニウム合金にコバルトを添加し、抗磁力は増加するが、残留磁化はあまり上がらないことを発見した」と書かれている。米国ではアルニコ系の磁石の基本的な発明が、日本の三島とＧＥのルーダーによってなされたとされている。

ＧＥ特許の発明者ウイリアム・ルーダーはＧＥの研究所の磁性部門の長で、数多くの特許を取得した研究者である。鉄‐シリコン系の軟磁性材料の特許が多く、通信回線用の装荷コイルに使われた。全米に通信網を拡げていた時期なので、こちらの方が重要なテーマであったかに見える。

カナダ特許庁（ＣＩＰＯ）のデータベースによると、カナダにおける三島の特許はカナダ特許第三四五一三二号と第三五二五七三号「磁性合金」の二件である。前者の出願日は一九三二年一月二十一日、特許発行日は一九三四年十月九日、後者の特許発行日は一九三五年八月二十七日である。両者の特許請求の範囲は巻末の表２‐３に示すとおりである。

## 欧州におけるＭＫ鋼の特許

英国特許は八件、発明の名称はすべて「永久磁石用合金」である。英国特許の一覧を巻末の表２‐４に示す。英国の特許明細書に日本の出願日が記載されているので、日本特許との関係がわかる。英国特許第四二八〇七八号は二件の日本特許第一〇二四八九号と一〇二四九〇号「高磁力合金」を一件にまとめたものである。日本で一九三二年までに出願されたすべての特許が英国で登録になっている。欄の下の方にある特許第四四四七〇二号から第四四四九〇一号までの五件はロバート・ボッシュが特許権者になっているが、日本の出願日の記載から三島の発明であることがわかる。

フランスの特許は特許第七三一三六一号「ニッケル‐アルミニウムを含む磁石鋼」と第

七六三九二八号「ニッケル‐アルミニウムを含む磁石鋼の改良」の二件である。日本の特許との対応関係を表2‐5に示す。十六件の日本特許を二件にまとめているが、当時のフランスの特許制度は無審査主義であったから、そのまま認められた。

ドイツの特許は三島の名前でなく、ロバート・ボッシュの名で登録されている。ドイツ特許第六七一〇四八号「鉄‐ニッケル‐アルミニウム合金製永久磁石の製造法」と第六八〇二五六号、第六八〇二五七号および第六八〇二五八号「永久磁石用鉄および鋼合金」の四件である。一九三三年十月までに日本に出願された特許をすべて網羅している。ボッシュの欧州特許戦略はなかなか巧妙で、三島からMK鋼の組成特許を譲渡されると、すぐにその熱処理に関する特許をまとめ、これを元に英国、フランス、デンマークで特許を取得している。時効分散型の合金では合金組成と並んで熱処理の技術が重要であり、その特許が有力である。これは米国でGEが組成と同時に熱処理について特許出願したことからも明らかである。三島が米国のGEと欧州のボッシュにまかせた判断は慧眼であったと言える。

## MK磁石のその後

MK磁石のその後の状況について、三島は「私の履歴書」の中で次のように簡単に述べている。

「ＭＫ磁石は電子機器や通信機をはじめ航空機、自動車、計測器、発電機、モーター、制御装置などの進歩に重要な役割を演じた。その特許権は一九四九年に消滅したが、現在、世界で使われている永久磁石のうち七割までが、この系統と推定され、その用途はますます広がりつつある。」

一九六二年における磁石製造の状況は次のとおりである。共産圏をのぞく世界の磁石メーカーの数は約七十社で、英国に十四社、米国に十社、日本に十七社、西ドイツに十社、フランスに三社、他の欧州諸国に十二社、残りは南米と英連邦諸国である。年間の生産量は約二万トンで、八億個の磁石に相当する。一九五九年に製造された磁石のうち、七八％が異方性鉄・ニッケル・アルミ・コバルト合金、八・四％が等方性合金、三・三％が焼結合金であった。

参考文献
1　三島徳七、「私の履歴書」、日本経済新聞社、昭和五十九年
2　三島先生を偲んで刊行委員会、「三島先生を偲んで」、昭和五十二年
3　鈴木雄一、『金属』八十二巻（二〇一二）四号

# 第三話　増本量とＮＫＳ鋼

増本量は本多光太郎が創設した鉄鋼研究所（後の金属材料研究所）で、主に電磁気に関する金属材料について多くの学術上の発見と工業に資する発明をなしとげた。日本の電磁気材料の父と云われている。増本は一九二七年に発明した不銹不変鋼をはじめとする特殊合金に関する研究業績で、一九三一年に三十六歳の若さで帝国学士院賞を受賞した。その後、一九四六年に学士院恩賜賞、一九五五年に文化勲章を受章し、一九六〇年に日本学士院会員となった。一九六六年に勲一等瑞宝章を受賞した。

増本 量（東北大学史料館提供）

増本量は明治二十八年（一八九五年）に広島県安芸郡矢賀村で生まれた。苦学して一九一五年に専門学校の検定試験に合格し、東北帝国大学専門部に入学し、卒業後、東北帝国大学理学部に入学した。同学を卒業し、本多光太郎が所長をつとめる鉄鋼研究所の研究補助になった。本多所長の下で研究を進めた増本の最初の研究成果は「コバルトの相変態」であった。世界中の学者が見落としていた基本的な物理現象の発見であった。助教授に昇進した増本は、熱膨張がある温度範囲で完全にゼロになる合金、スーパーインバーを一九二七年に発明した。三十年前にスイス人のシャルル・エドゥワール・ギヨームが発明したインバー合金の大幅な改良であった。ギヨームは同合金の研究業績により一九二〇年にノーベル物理学賞を受賞した。一九三一年に東京大学の三島徳七が、それまで世界一を続けていた本多光太郎のＫＳ磁石鋼の性能を大きく上回るＭＫ磁石鋼を発明した。十五年ぶりの快挙であった。これを見て増本は、助手の白川勇紀とともにさらに高性能の磁石鋼の開発にいどんだ。一九三三年にチタンを添加した合金鋼を見出し、ＮＫＳ磁石鋼と名付けた。新ＫＳ鋼の意味であった。ＮＫＳ鋼はＫＳ鋼に引き続き、住友金属工業株式会社で商品化された。

## 増本量の業績

学士院恩賜賞の受賞審査要旨によると、増本の学術的な業績は次の九項目である。ＮＫＳ鋼は七番目に位置する。

（一）不銹不変鋼

一八九六年スイス人ギヨームが始めて小なる熱膨脹係数（1.2×10⁻⁶）を有するインバー（鉄ニッケル合金）を発見して、以来これに関して種々の研究が行はれた。本研究者もその異常性に興味を有し、研究の結果一九二九年六月更に小なる膨張係数（0.1×10⁻⁶）を有する鉄、ニッケル、コバルト合金を発見して超不変鋼と名づけた。これと同時にその異常性の生ずる原因に関して次の一法則を提供した。

熱膨張係数＝定数－定数×（飽和磁化／磁気変態点）

著者はこの法則に基づき更に研究を進め一九三一年微小なる熱膨脹係数を有し、且つ海水に腐蝕し難きコバルト、鉄、クロム合金を発見して不銹不変鋼と名づけた。一例を挙げれば

成分：コバルト五三～五四・五％、鉄三五・五～三七・五％、クロム九～一〇％

線膨張係数（二〇℃）：〇・五～一・二（百万分率）

（二）鉄、白金合金の熱膨張の異常性

著者はその新法則に基づき更に鉄・白金合金にも熱膨脹の異常性の存在することを予想し、研究の結果、一九三六年非常に大なる負の膨脹係数を有する合金を発見した。一例を挙げれば

成分：鉄四七％、白金五三％（〇～四〇℃）

線膨張係数：一二・五（百万分率）

（三）コエリンバー、弾性不変鋼

本研究者はエリンバーの特性はインバーと同様な法則により生ずべきものと考へ、実験の結

果、一九四〇年不銹不変鋼の成分附近に弾性率の温度係数の非常に小なる値が存在することを発見し、これにコエリンバーなる名称を与えた。一例を挙げれば

成分：コバルト五七・五％、鉄三二・五％、クロム一〇％

弾性率：一六・七（キログラム／平方センチメートル）

温度係数：一二・〇（百万分率）

この合金は主として時計のヒゲゼンマイ計測器の材料として用いられ、重要なる合金である。著者の法則によればニッケル銅合金系には小なる温度係数の異常性は無い筈であるが、実験的にも現はれない。

（四）センダスト、高導磁率合金

一九二一年米国のアーノルド及エルメン両氏の発見に係るパーマロイ（鉄ニッケル合金）は導磁率非常に大にして、一般電気通信装置に盛に応用されている。其の発見以来多くの磁気学者はこの磁気的異常性について研究し導磁率の大なる原因を磁歪の小なることに帰せしめた。本研究者は一九三二年鉄、珪素合金にも同じ関係の存することを実験的に見出し更にこれにアルミニウムを加へてパーマロイ以上の導滋率を有する合金を発見してこれをセンダストと名づけた。一例を挙げれば

成分：ケイ素九・六％、アルミニウム五・四％、残余鉄

初導磁率：三五一〇〇

最大導磁率：一一七五〇〇

比電気抵抗：八一（マイクロオーム／平方センチメートル）

センダストは磁気学上重要なる研究資料となるのみならずパーマロイより遥かに安価であるから、応用上極めて重要である。目下磁場遮蔽器、一般電磁装置の鉄心、電気通信回路の装荷用圧粉磁性心等として盛に利用されて居る。

(五) アルパーム、高導磁率合金

最近パーマロイの異常性はその規則格子変態に深き関係を有することが発見された。本研究者は規則格子変態を有する鉄、アルミニウム合金につき研究を行い、一九四一年大なる導磁率を有する合金を発見し之が規則格子変態に基づくことを確めた。而してこの合金をアルパームと名づけた。一例を挙げれば

成分：アルミニウム一五・八四％、残余鉄

初導磁率：三一〇〇

最大導磁率：五四七〇〇

比電気抵抗：一五一（マイクロオーム／平方センチメートル）

(六) アルフェル、磁歪合金

一九四一年ニッケルと同程度の静磁歪及動磁歪を有する鉄、アルミニウム合金を発見しこれをアルフェルと名づけた。一例を挙げれば

成分：アルミニウム一三・二％、残余鉄

静磁歪：三八～四〇（百万分率）

従来、超音波発射用磁歪振動体としては専らニッケルが使用されて居りその需要は夥しい量に上る。我国にてはニッケルの産出量が極めて少ないのでその需要には殆んど応じ得なかった。然るにアルフェルは優秀なる特性を有するのみならず国産原料たる鉄とアルミニウムとより成るから応用は極めて広く、数年来、軍部その他において盛に利用されている。

（七）ＮＫＳ磁石鋼

この磁石鋼は一九三三年に発見されたもので主として鉄、コバルト、ニッケル及チタニウムから成っている。一例を挙げれば

成分：コバルト一五～三六％、ニッケル一〇～二五％、チタニウム八～二〇％、残余鉄

残留磁気感応度：七六〇〇～六三〇〇（ガウス）

抗磁力：七八八～九二〇（エルステッド）

これは特に抗磁力大にして、その性能においては、現在までに発明された最も優秀なる耐久磁石鋼である。

（八）ニッケル、コバルト単結晶の磁化

ニッケル、コバルト単結晶の三主軸の方向に於ける磁化を液体空気の低温度より磁気変態点までの種々なる温度で測定し、磁気理論に関する重要なる資料を与へた。

（九）ニッケル、銅合金の縦磁場による電気抵抗の変化

ニッケル銅合金の千六百エルステッドまでの縦磁場による電気抵抗の変化を液体空気の低温度より磁気変態温度迄の種々の温度で測定し磁気の理論上重要な参考資料を得て居る。

## 増本量の主要発明と特許

増本は前記の発明について多数の特許を出願した。主な特許を前項の順にあげると、

(一) 超不変鋼：特許第八八一五二号他六件。

(二) 不銹不変鋼：特許第九七〇三三号。

(三) コエリンバー：特許第一三五八五〇号他四件。

(四) センダスト：特許第一二〇〇〇六号他二十五件)、東北金属工業株式会社に実施権。

(五) アルパーム：特許第一六〇八八七号他一件。

(六) アルフェル：特許第一七二一七四号、他二件。

(七) NKS磁石鋼：特許第一〇九九三七号、他二十八件、欧米各国に出願。

一九三一年に東京大学の三島徳七博士がMK磁石鋼を発明して、十五年におよぶ本多光太郎のKS磁石鋼の王座が東京にうつった。増本は所長の本多に申し出て、助手の白川勇紀とともに新しい磁石鋼の開発をはじめた。開発は思ったよりはやく進み、アルミニウムの代りにチタンを加えると保磁力が上がることが判った。これに本多の得意のコバルトを加えて飽和磁化を増やし、NKS鋼が誕生し

た。新磁石鋼の組成は、鉄三九％、コバルト二八％、ニッケル一六％、チタン一一％、アルミニウム少量で、保磁力九〇〇エルステッド、残留磁気感応度六四〇〇ガウスであった。増本らが発明を完成させると、本多はただちに日本特許を出願した（巻末表3－1）。発明者は増本と白川の要請で、所長の本多光太郎とした。特許権者は金属材料研究所であった。金属材料研究所は日本の大学で最初に職務発明の規定を制度化した研究所である。大正十年の特許法改正で職務発明が制定されると、本多は研究所で生まれたすべての発明を職務発明とし、研究所に特許権が帰属するようにした。

## ＮＫＳ鋼の発明の明細書

ＮＫＳ鋼の発明の内容を、特許第一〇九九三七号「ニッケル、チタン鋼製永久磁石」の明細書（図3－1）で見てみる。

本発明はニッケル三～五〇％、チタン一～五〇％、残余の鉄及不純物を合有する合金製永久磁石に係り、其目的とする所は廉価にして耐久性大なる永久磁石を得るに在り。従来一般に用いられる磁石鋼、例へばタングステン鋼、クローム鋼等は其抗磁力小にして其値は僅かに六〇～七〇ガウスに過ぎず、従って之を永久磁石として用ふる時は耐久性乏しき欠点を有す。特に寸法比（長さと直径との比）小なる磁石用材料としては不適当なり。かつ、温度変化並びに機械的衝撃等に対しては磁性甚だ不安定にして其影響を受くること甚し。

（昭和十年四月八日特許局發行）

# 特許第一〇九九三七號

〔昭和九年公告第二五六號〕

第百五十四類　一、合金

出願　昭和八年五月一日
公告　昭和九年一月二十四日
特許　昭和十年三月十五日

仙臺市米ヶ袋鹿子清水二十一番地
發明者　本多光太郎
特許權者　金屬材料研究所長
代理人　辨理士　杉村信近
外一名

## 明細書

### 「ニッケル、チタン」鋼製永久磁石

#### 發明ノ性質及目的ノ要領

本發明ハ「ニッケル」三乃至五〇%「チタン」一乃至五〇%殘餘ノ鐵及不純物ヲ含有スル合金製永久磁石ニ係リ其目的トスル所ハ廉價ニシテ耐久性大ナル永久磁石ヲ得ルニ在リ

#### 發明ノ詳細ナル説明

從來一般ニ用ヒラルル磁石鋼例ヘハ「タングステン」鋼「クローム」鋼等ハ其抗磁力小ニシテ其値ハ僅カニ六〇乃至七〇「ガウス」ニ過キス從ッテ之ヲ永久磁石トシテ用フル時ハ耐久性乏キ缺點ヲ有ス特ニ寸法比〔長サト直徑トノ比〕小ナル磁石用材料トシテハ不適當ナリ且ツ溫度變化竝ニ機械的衝擊等ニ對シテハ磁性甚タ不安定ニシテ其影響ヲ受クルコト甚シ

本發明ニ於テハ上述ノ缺點ヲ除去シ寸法比小ナル永久磁石ニ適シ且ツ溫度變化竝ニ機械的衝擊等ニ對シ其ノ磁性頗ル安定ニシテ抗磁力約四〇〇ヲ有スルモノヲモ容易ニ製出シ得ル特徵ヲ有ス

斯ル本發明永久磁石ハ「ニッケル」三乃至五〇%「チタン」一乃至五〇%殘餘ノ鐵ノ割合ヲ以テ融合スルコトニ依リ得ラルル合金ヲ使用スルモノトス此熔融物ヲ適當ナル鑄型ニ鑄造シ或ハ耐火物製ノ管中ニ吸揚ケテ所要ノ形狀トナシ或ハ是等ノ鑄造物ヲ更ニ適當ノ溫度ニ於

—147—

図 3-1　特許第 109,937 号の特許明細書

本発明に於ては上述の欠点を除去し、寸法比小なる永久磁石に適し、かつ温度変化並びに機械的衝撃等に対し其の磁性頗る安定にして、抗磁力約四〇〇を有するものも容易に製出し得る特徴を有す。かかる本発明永久磁石合金は、ニッケル三〜五〇%、チタン一〜五〇%、残余の鉄の割合を以て融合することに依り得られる合金を使用するものとす。此の熔融物を通常なる鋳型に鋳造し、或いは耐火物製の管中に吸揚げて所要の形状となし、或は是等の鋳造物を更に通常の温度に於て鍛錬し、所要形状となし、永久磁石に供す。なほ一般には上述せる鋳造物或は鍛造物を摂氏五〇〇〜八〇〇度の如き温度に於て焼鈍すべきものとす。或はまた、其鋳造物或は鍛造物を一度摂氏一〇〇〇〜一三〇〇度の如き高温度より急冷し、更に之を摂氏五〇〇〜八〇〇度の如き温度に於て焼戻すも同様の好結果を得べし。

尚ほ、本発明の永久磁石に適する合金は上述せる如く適当量の鉄、ニッケル、チタンを融合することに依り得らるるものなれども、実際工業的には鉄（軟鋼を用ふるも差支へなし）、ニッケル、フェロチタンを適当の割合に融合するを便宜とす。今、フェロチタンに就き分析結果の一例を示せば、次の如し。

| | |
|---|---|
| チタン | 二四・六九% |
| アルミニウム | 四・一二% |
| 珪素 | 二・〇〇% |
| 炭素 | 〇・一二% |

鉄　　　　　　残余量

又上述せる主成分の外に脱酸脱硫等の目的の為め、クロム、満俺、バナジウム、アルミニウム、マグネシウム、珪素、ボロン、炭素等の少量、例へば各々約二%以下を加ふる時は熔融合金中の酸素、硫黄、窒素等を除き、健全なる鋳塊を得るのみならず、鍛錬を容易ならしむ。尚ほ、是等諸元素の少量が合金中に残存するも其磁性には著しき影響なし。

次に本発明に使用すべき合金の磁性の一例を示さん。ニッケル約二四%、チタン約一八%、残余の鉄、及び不純物を合有する合金を金型に鋳造後、摂氏約六五〇度に二時間加熱したる後、徐々に冷却せるものは其残留磁気感応度約五三〇〇ガウス、抗磁力約三〇〇ガウスなり。従って本発明は上述の合金を以って作れる一般用永久磁石は勿論、特に寸法比小なる永久磁石として甚好適にして摂氏約七〇〇度以下の温度に於ては組織安定成のみならず、其磁性は温度の変化に依り殆んど影響を受くることなきが故に耐熱永久磁石としても好適なり。

巻末の表3-1はＮＫＳ鋼に関する日本特許の一覧である。特許はそのまま米国に出願された。図3-2は米国特許第二一〇五六五二号の明細書である。

## 金属材料研究所長から電気磁気材料研究所長へ

増本は一九五〇年に東北大学金属材料研究所の所長に就任した。石原寅次郎博士勇退のあとを受け

Patented Jan. 18, 1938 **2,105,652**

# UNITED STATES PATENT OFFICE

**2,105,652**

**STEEL FOR PERMANENT MAGNETS**

**Kotaro Honda, Sendai, Japan**

No Drawing. Application November 13, 1933, Serial No. 697,874. In Japan May 1, 1933

8 Claims. (Cl. 75—123)

This invention relates to improvements in alloys for permanent magnets and more particularly to an alloy consisting mainly of nickel, titanium, and iron, and has for its object to provide a permanent magnet which has a very high coercive force and long durability.

Heretofore commonly used magnet steels such as tungsten steel, chrome steel and the like have comparatively small coercive force of only 60 to 70 gausses and if such alloy steels are used as a permanent magnet they lack durability and are especially unsuitable for a magnet of smaller dimension-ratio, that is, having a small ratio of the length and diameter. Moreover, such alloy steels are greatly affected by temperature variations and mechanical shocks and show unstable magnetic properties.

This invention is to obviate the above mentioned defects and to provide an alloy which is well adapted for a permanent magnet of a smaller dimension-ratio, and possesses stable magnetic properties for temperature changes and mechanical shocks and has particularly high coercive force.

The alloy of this invention can be obtained by melting together nickel, titanium, and iron in the proportion of 3 to 50% nickel, 1 to 50% titanium, and the remainder iron. The preferred composition of the alloy may be of 10 to 40% nickel, 8.1 to 40% titanium, and the remainder iron. The molten product may be cast in a suitable mold or sucked up into a tube of refractory material to give a desired shape. The cast products are preferably annealed at a suitable temperature such as 500° to 800° C. to give it stability.

As above described, though the alloy of this invention may be obtained by melting together iron, nickel, and titanium at a proper proportion, yet it is more convenient in practice to use iron or mild steel, nickel, and ferro-titanium.

As an example, an alloy of this invention containing about 24% nickel, about 18% titanium and the remainder iron and small amount of impurities is cast in a metallic mold and then heated to about 650° C. for two hours and then cooled down slowly. Then the alloy shows the magnetic properties of about 5300 gausses in the residual magnetic induction and about 300 gausses of coercive force.

The alloys of the present invention may also contain one or more auxiliary elements such as copper, aluminium and manganese in the proportion of less than 20% each for a further increase of the residual magnetic induction and the coercive force the preferable amount of these auxiliary elements is from 0.5% to 6% each.

Accordingly the alloy of this invention is well adapted for the material of permanent magnets in general and more especially of smaller dimension-ratio and it has very stable structure at a temperature below about 700° C. and its magnetic properties are not substantially affected by the change of temperatures and thus it is most suitable for the material of permanent magnets for fine instruments and also for heat resisting permanent magnets.

What I claim as new and desire to secure by Letters Patent of the United States, is:

1. An alloy comprising about 24% nickel, about 18% titanium and the remainder iron and small impurities, characterized by a coercive force of about 300 gausses.

2. A permanent magnet formed of an alloy comprising as essential ingredients 3 to 50% nickel, 1 to 50% titanium and at least 20% of iron, characterized by a coercive force in the neighborhood of 250 gausses or more.

3. A permanent magnet formed of an alloy comprising 10.1 to 40% nickel, 8.1 to 40% titanium and the remainder iron and small impurities, characterized by a coercive force in the neighborhood of 250 gausses or more.

4. A permanent magnet formed of an alloy comprising about 24% nickel, about 18% titanium and the remainder iron and small impurities.

5. For permanent magnets an alloy comprising about 24% nickel, about 18% titanium and the remainder iron and small impurities, characterized by a coercive force of about 300 gausses.

6. A permanent magnet formed of an alloy according to claim 2 wherein copper is included to the extent of not over 20%.

7. A permanent magnet formed of an alloy according to claim 2 wherein aluminium is included to the extent of not over 20%.

8. A permanent magnet formed of an alloy according to claim 2 wherein manganese is included to the exent of not over 20%.

KOTARO HONDA.

図 3-2 NKS 鋼の米国特許第 2,105,652 号の特許明細書.

て、戦後の金属材料研究所の再建に取り組んだ。文部省の予算と企業からの献金を集め、建物を増築した。コリンズ型水素液化装置、センジミア二十段圧延機をはじめ世界先端の設備を設置した。八年間の所長職をつとめ上げ、一九五八年に東北大学を定年退官した。退官後、すでに理事長となっていた財団法人電気磁気材料研究所の運営に専念し、研究を指導した。ここで自ら発明したコエリンバーを実用化するなど数多くの成果をあげた。国内だけでなく、三十件以上の米国特許を取得した。巻末表3-2にその一覧を示す。増本量は一九八七年に理事長室で執務中に亡くなった。享年九十二歳であった。

参考文献
1 石川悌次郎、『増本量伝』、誠文堂新光社、(一九七六)
2 上山明博、『ニッポン天才伝』、朝日新聞社、(二〇〇七)
3 鈴木雄一、『金属』八十二巻(二〇一二)六号

第一話から第五話までの本文中に出てくる
現在ではあまり使われていない用語

| 本文中の用語 | 現在の用語 |
|---|---|
| 存磁力 | 保磁力 |
| 頑性力 | |
| 頑磁力 | |
| 抗磁力 | |
| 磁気感応度 | 磁化 |
| 磁気の強さ | |
| 導磁率 | 透磁率 |

## 後日談② ニッケルが足りない

ＭＫ鋼とＮＫＳ鋼はいずれもニッケルを二〇％から三〇％含み、同等の性能を示す代替材料はなかった。磁石鋼に使われるニッケルとコバルトはほとんど全量を輸入に頼っており、当時は三菱商事と三井物産が扱っていた。戦時体制に入ると臨時物資調整局が配給統制を実施した。民間側は商工省の指導で結成した特殊鋼協議会が実務を扱った。結成当初の幹事会社は、日本特殊鋼、特殊製鋼、大同製鋼、日立製作、高周波重工の五社であったが、後に東京鋼材と神戸製鋼が加わった。協議会の幹事長は渡辺三郎、専務理事は退役海軍中将小野徳三郎であった。同協会の特殊鋼建値表を見ると、磁石鋼はタングステン鋼とクロム鋼だけが載っており、ニッケルを含む合金はない。兵器製造が主力の日本特殊鋼や特殊製鋼でもニッケルを手に入れるのに苦労したと言っており、磁石向けのニッケルの入手は困難だったと思われる。

戦時体制になると、商業コストを度外視したニッケルの生産が行われた。日本冶金工業（当時、日本火薬工業）が、京都府与謝郡の大江山にあったニッケル鉱山で採鉱を開始し、近くの岩滝製錬所でフェロニッケルに製錬した。日本冶金の川崎工場に運んで、ニッケル合金を製造し、軍用資材に使った。終戦とともに鉱山は閉山・廃鉱となった。鉱石の輸送に使った鉄道は、加悦鉄道（かやてつどう）として残されたが、一九八五年に廃線になった。加悦鉄道の旧施設は加悦ＳＬ広場として与謝野町に保存されている。

参考文献

1　斎藤新吾、『特殊鋼統制の実際知識』、商工行政社、（一九四〇）
2　日本冶金工業六十年史、日本冶金工業株式会社社史編纂委員会、（一九八五）

# 第四話　渡辺三郎とＦＷ鋼

渡辺三郎は日本の特殊鋼の生みの親のひとりである。明治のおわりにドイツに留学し、帰国後、日本特殊鋼合資会社（後に株式会社）を創業して日本一の特殊鋼製造会社に育て上げた。事業のかたわら、自社の研究所を運営し、東京帝国大学の講師をつとめた。日本鉄鋼協会の推進者であり、一九三七年に、特殊鋼の進歩に貢献した技術者のための「渡辺三郎賞」を創設、一九四〇年に日本鉄鋼協会の会長に選ばれた。本多光太郎がＫＳ鋼を発明したあと、高価なタングステンを含まないマンガン・クロム系の磁石鋼を開発し、商品化した。

渡辺三郎（（一社）日本鉄鋼協会提供）

渡辺三郎は明治十三年（一八八〇年）に松井田の大河原家の三男として生まれた。前橋中学を卒業して上京し、一高から東京帝国大学の採鉱冶金学科に入学した。卒業後、古河鉱業株式会社に入社し、横浜の渡辺家の五女なべと結婚した。一九一二年にドイツに留学し、アーヘン工科大学で学位を取得した。帰国後、一九一五年十一月に日本特殊鋼合資会社を創設し、代表社員となった。同社はそれまで外国からの輸入に頼っていた特殊鋼の製造に力を入れ、とくに航空機用鋼材の国内自給につとめた。一九二八年に「航空機用特殊鋼の製造並び研究」の業績により勲五等瑞宝章を授与された。

## ＦＷ鋼の開発

野口幹世の「存亡」によると、日本特殊鋼における磁石鋼の開発経緯は次の通りである。

「従来、永久磁石はタングステン鋼で製作されたが、この鋼は熱処理の際、焼割れや変形する度合が比較的多く、大型のものになると中心まで一様に硬化しにくいので、思うような磁力を得られず、また、永久磁石としても、長期にわたって徐々に内部組織が変化して、磁力が減衰する等の欠点があった。

日特は、これらの欠点を除去するとともに、タングステンのような高級な原料を含まない鋼について研究の結果、大正十年にマンガン・クローム系の磁石鋼を開発し、渡辺福三郎翁の頭文字をとって、ＦＷ磁石鋼と名付けた。

この磁石鋼は、自硬性が強く、空気中放冷だけで焼入れ硬化が可能であるので、焼割れや形状の狂いがほとんどなく、大形の磁石であっても内部まで一様に硬化する。磁力は強大で、しかも高価なタングステンを使用しないので、安価、加工容易で、とくに研磨仕上費が従来のものよりも三十三％安くできるので好評を博した。当初は、磁石製造用圧延鋼材としての販売目的で見本を配布したが、永久磁石の良否は使用鋼材の成分以外に成形、熱処理、磁化の作業方法等にも重大な関係があることが一般に認識されず、それならば具体的に製品をもってこたえるべく大正十一年、磁石工場を設け、メーター、発火機、電話器、その他理化学用各種の磁石の製造を開始した。

たまたま、大正十二年三月二十日から五月十八日の期間で開催された帝国発明協会主催の第三回発明品博覧会に出品したところ、出品総点数四千百二十八点のうち大賞二十三点の中に入ることができ、一躍その優秀性が認められた。

大正十二年九月の関東大震災の際には、東京市内の電話器が大量に焼失し、電話器用の磁石の注文が殺到したので、工場諸設備を拡張、さらに大正十四年七月には、東京放送局でラジオ放送を開始し、ついで、名古屋、大阪等の放送局が開局されて、ラジオの普及により、受信器用磁石の大量需要に恵まれ、磁石工場は大きく飛躍した。」

## ＦＷ磁石鋼の特許

ＦＷ磁石鋼の特許は一九二二年（大正十一年）二月二十日に出願され、同年十月九日に特許第四三六六〇号「自硬性磁石鋼」として登録された。発明の内容は明細書（図４－１）に詳しい。

「本発明は〇・六～一％の炭素と二・五～五％のクロム及び一～三％のマンガンとを含蓄することを特

# 特許第四三六六〇號

〔公告番號　第五四號〕

第百五十二類

出願　大正十一年二月二十日
公告　大正十一年七月十二日
特許　大正十一年十月九日

東京市芝區三島町十番地
特許權者（發明者）　渡邊三郎

## 明細書

## 自硬性磁石鋼

### 發明ノ性質及ヒ目的ノ要領

本發明ハ〇、六乃至一、〇「パーセント」ノ炭素ト二、五乃至五「パーセント」ノ「クローム」及ヒ一乃至三「パーセント」ノ「マンガン」トヲ含蓄スルコトヲ特徴トシ尚ホ「タングステン」又ハ「モリブデン」五、〇「パーセント」以内ヲ含蓄スルコトアルヘキ合金鋼ニ關シ赤熱ヨリ空氣中ニ放冷スレハ自然ニ硬化シ之レニ磁氣ヲ付スルトキハ優秀ナル磁化強度ヲ有スル磁氣體トナリ「エージング」ト稱スル作業ヲ要セスシテ殆ント一定不變ノ磁氣狀態ヲ維持スル自硬性合金鋼ニ係リ其目的トスル處ハ從來知ラレタル磁石鋼ノ如ク強烈ナル燒入作業ヲ要スルコトナク從テ燒入作業ノ爲ニ生スル免レ難キ諸種ノ缺點ヲ除去シ敢テ一層磁化性強クシテ磁氣狀態ヲ變化セサル鋼材料ヲ提供セントスルニアリ

### 發明ノ詳細ナル說明

從來凡テノ磁石鋼ハ之ヲ赤熱ヨリ冷水中ニ入レテ強烈ナル燒入レヲ施シタル後使用スルモノニシテ此燒入レニ際シテハ周到ナル注意ヲ要シ少シニテモ温度ノ微妙ナル調節ヲ誤ルトキハ磁石鋼トシテ不良ナルモノトナリ然モ燒入レニ際シテ燒割レ變形等ノ損害アルモノナリ本發明ノ合金鋼ハ自硬性ナルカ故ニ從來ノ如キ燒入レ作業ヲ必要トセス從テ上述ノ手數ト損害トヲ除キ得ルモノナリ

本發明人ハ從來ノ自硬性カ何故ニ其磁氣ヲ漸次自然ニ失フモノナルヤノ問題ヲ專ラ研究シテ其ノ主ナル原因カ燒入レニ依リテ生スルα及γ「マルテンサイト」ノ中α「マルテンサイト」ノ存在ニアルコトヲ認メタリ今日ニ於テ磁石鋼トシテ一般ニ使用スル「タングステ

図 4-1　ＦＷ鋼の日本特許第 43660 号「自硬性磁石鋼」の明細書.

徴とし、なおタングステン又はモリブデン五％以内を含蓄することあるべき合金鋼に関し、赤熱より空気中に放冷すれば自然に硬化し、これに磁気を付するときは優秀なる磁化強度を有する磁気体となり、エージングと称する作業を要せずして、殆んど一定不変の磁気状態を維持する自硬性合金鋼に係り、其目的とする処は従来知られたる磁石鋼の如く強烈なる焼入作業を要することなく、従て焼入作業の為に生ずる免れ難き諸種の欠点を除去し、かねて、一層磁化性強くして磁気状態を変化せざる鋼材料を提供せんとするにあり」

本合金の特徴である「自硬性」すなわち、従来の磁石鋼が焼入れを必要とするのに対して、焼入れをしなくとも磁化強度を持つ理由について明細書の「発明の詳細なる説明」の中で説明している。

「従来すべての磁石鋼はこれを赤熱より冷水中に入れて強烈なる焼入れを施したる後使用するものにして、この焼入れに際しては周到なる注意を要し、少しにても温度の微妙なる調節を誤るときは磁石鋼として不良なるものとなり、しかも焼入れに際して焼割れ変形等の損害あるものなり。本発明の合金鋼は自硬性なるが故に従来のごとき焼入れ作業を必要とせず、従って上述の手数と損害とを除き得るものなり。

本発明人は従来の自硬性が何故に其磁気を漸次自然に失うものなるやの問題を専ら研究して、其の主なる原因が焼入れに依りて生ずるα及βマルテンサイトの中αマルテンサイトの存在にあることを認めたり。今日において磁石鋼として一般に使用するタングステン鋼の如きはたとえ上述の焼入れ作用を完全に為し得たりとするも、焼入れ作業其のことの為に其組織中にαマルテンサイトを有することは免れ難きものなり。このマルテンサイトは不安定なる組織なるが故にこの鋼を以って磁気体を作るときは漸次自然にその磁気を弱むるを以て、そのままこれを応用すること与わざるものなり。従っていわゆるエージングなる作業を施して上述のαマルテンサイトの変化を促進せしめ、これをやや安定なるものとしたる後、使用するものとす。然るに本発明の磁性鋼は成分の選択とその分量によって最初よりαマルテンサイトの如き不安定なる組織なからしめ、焼入作業を必要とせざるが故に、エージング作業の必要なくしてひとたび磁気を付するときは、これが自然的に弱まることは全くこれなきものなり。

従来においてクロム鋼と称して微量のマンガンを含有するものありといえども、この物は本発明の合金鋼の如く自硬性を有する磁性材料にはあらず。また本発明人の知る限り、従来知られたる磁石鋼には自硬性を有するものなし。更にまた、普通鋼材は皆磁気性を有すれども本鋼材の如く磁力強大なるものにあらず。かつ其磁力は時間と共に漸次減退するものなり。

本発明の合金鋼を製出せんとすれば、先ず坩堝製鋼法を以て鋼を溶解し、製出したる鋼材中に二・五〜五%のクロムと一〜三%のマンガンと〇・六〜一%の炭素とを含有する外タングステン又はモリブデン五%以下を含有せしむるも妨げず。更に此際不純物として微量の金属又は非金属を含有するも妨げなきものとす。例えばクロム三%とマンガン一%を含むものを作らんとせば、六〇%のフェロクロム五貫目と金属マンガン一貫目と鉄および鋳鉄九十四貫目とを溶解するものとす。此鋼材はこれが熱する間において、これに展延鍛延等の機械的作業を施し、かつ熱したる間に其の形状を作り、摂氏約八百度の温度より其儘空気中に放置するときは自然硬化をなすを以て、冷却したる後において強大なる磁力を以て磁気を付与するときは、強度の大なる頑磁力及残留磁気を有する磁気体となり、然もエージング作業を施すことなくして、殆んど一定不変の磁気状態を維持するものなり。本願は其出願前英国特許明細書一九〇七年第一五四九八号に於いて公知に属するものと成分及含有量において類似するの観あるも、本願の前記公知のものに比して特に異なる処左の如し。即ち前記英国特許は自硬性合金鋼に係り、主として機械構造に用ひられ本願は自硬性磁石鋼に係り根本的の相違あり。従って其成分を異にす。即ち本願のタングステン又はモリブデンと炭素とを以て英国特許の範囲内にありとするも、クロム及びマンガンにおいては英国特許の極量以上を含有し英国特許のニッケルとヴァナジウムとは本願に於て全く使用せざるものなり。本願の発明は磁石鋼にある故にニッケルは決して使用するものにあらず。大にこれを忌避するものなりまたヴァナジウムを使用する必要なきものなり。」

渡辺は一九二四年三月二十九日に鉄鋼協会で「FW永久磁石について」と題する講演をおこない、磁気分析と高温度熱膨張の図を使って炭素鋼、タングステン鋼、FW磁石鋼のマルテンサイト変態の違いをわかりやすく説明し、FW鋼がタングステン鋼より優れている点を強調している。本多光太郎のKS鋼は世界的な発明であるが、売上が伸びはじめたのは第一次大戦後の長い不況がおわった一九三〇年以降である。その大不況の大正年代に、独自の発想で特許を取り、収益を上げたのであるから、渡辺の業績は多とすべきである。

渡辺は一九三四年の日本機械学会での講演「特殊鋼とその熱処理」の中で磁石鋼について次のように述べている。

「永久磁石用鋼或は合金には現今知られて居る範囲内では凡次の三種類に大別する。

（イ）特殊鋼　（ロ）合金鉄　（ハ）酸化金属

（イ）は従来から種々の成分のものが実用されて居るが何れも炭素〇・六～一・五％を含有しその他タングステン、クロム、コバルト等の内、一種類又は数種を含有したもので、焼入硬化状態で使用する。コバルトは磁化の強さを減じないで抗磁力を増加するから耐久磁石としては都合のよい金属であるけれども、値段の高いことが一大欠点で、余程特殊な磁石でないと使いきれない。この種特殊鋼に属する永久磁石用鋼として実用される特点は、多数の成品が殆ど変りなく揃ったものを作り得る点である。火造り、圧延、焼鈍、焼入れ等の作業が容易であるためである。自分の會社ではＦＷＭ及びＥＴＭの二種を販賣して居る。

（ロ）は最近のもので炭素の含有を必要としない。むしろ無い方がよい処の合金鉄である。独逸のケスター氏が析出硬化法により鉄とモリブデンの合金を七百℃に長時間加熱して耐久磁石を作った。本邦三島氏の耐久磁石もこの系統のもので、共に抗磁力の大なる事が特徴であるが、非常に脆い事と揃った品物が得難い点が欠点である。将来この点が改良されれば実用化されるであろう。

（ハ）は加藤、武井両氏の酸化金属化合物で主要成分は亜鉄酸コバルトである。一般に酸化金属が強磁性なるためには$MOFe_2O_3$なる化合組成を取る場合である。但Mは金属を表はす。亜酸化コバルトもこの例で$Co_2O_3$ $Fe_2O_3$の組成である。このものも抗磁力は（ロ）と同じ様に大きいが磁化の強さが低いのが欠点である。利用個所と形状によっては実用されると思はれる。」

一九五五年に特許庁が刊行した「特許制度七十年史」に、監督官庁の立場から見た磁石鋼の発展が要領よく書かれている。

「合金鋼において、おおきな足跡を残したものに、本多光太郎博士のＫＳ鋼、三島徳七博士のＭＫ鋼で代表される永久磁石鋼がある。ＫＳ鋼は、一九一七年の発明（特許第三二二三四号、第三二四二二号）で、コバルトを含む磁石鋼であり、さらに本多博士は、増本、白川両博士とともに、ニッケル・チタン鋼、ニッケル・チタン・コバルト鋼を成分とする新ＫＳ鋼（特許第一〇九九三七号、第一一〇二〇三号、第一一一七〇四号）を発明し、住友金属でこれを実施して年間二億数千万円の売り上げをあげている。一九三一年にはＭＫ鋼（特許第九六三七一号外十数件）が生れたが、これはニッケル、アルミニウムを含む磁石鋼である。上記特許の中、ＭＫ５という名称で知られているものは、現在世界最高の永久磁石といわれ、わが国では三菱製鋼、外国ではＧＥ社、ボッシュ社等に実施権を与えている。三島博士はまた、一九四八年、永久磁石ＭＴ磁石（特許第十七万五千七百八十七号）を発明したが、これは株式会社東京精器製作所で実施している。また渡辺三郎は、一九二三年にクロム・マンガン鋼より成る自硬性磁石鋼（特許第四三六六〇号）を発明した。その後、同人によって、幾多の特殊鋼が生み出され、今日の日本特殊鋼株式会社の基礎が打ち建てられた。」

ＦＷ鋼の特許第四三六六〇号は日本特殊鋼合資会社（日本特殊鋼株式会社の前身）から特許権の延長の申請がなされ、三年間の延長が認められている。延長の審査はかなりきびしいものであったから、この特許発明に相当の実施歴があったことがわかる。

ＦＷ磁石鋼は日本特許と同じ年に、英国特許第一八九九二四号（図４‐２）を取得している。日本の特許との関係は記載されていないが、特許請求の範囲から同発明であることはあきらかである。日本特許の明細書では先行技術として具体的に一九〇七年第一五四九八号を取り上げているが、英国の特許明細書には単に「少量のマンガンを含むクロム鋼が知られているが、それは自己硬化性磁石鋼ではないので本発明の合金とはことなる」と書いてある。

渡辺はＦＷ磁石鋼の外に二件の磁石鋼に関する特許を取得した。第八六九七六号「耐熱磁石鋼」と第一〇二八一五号「耐久磁石鋼」である。前者の組成は炭素〇・五～一％、タングステン一〇～二〇％、クロム一・五～五％、マンガン〇・二～一・五％、珪素〇・八％以下であり、後者は炭素〇・七～一・五％、クロム六～一三％、コバルト九～一九％、ウラニウム〇・一～二％、チタン〇・一～一・五％、マンガ

[Second Edition.]

# PATENT SPECIFICATION

*Application Date: Oct. 5, 1921. No. 26,345/21.* 189,924

*Complete Accepted: Dec. 14, 1922.*

COMPLETE SPECIFICATION.

## An Improved Steel for Making Magnets.

I, SABURO WATANABE, a subject of the Emperor of Japan, of 6475, Omori-machi, Ebara-Gun, Tokyo-Fu, Japan, do hereby declare the nature of this invention and in what manner the same is to be performed, to be particularly described and ascertained in and by the following statement:—

The invention relates to an improved steel for making a permanent magnet. The steel contains chromium and manganese as the chief added constituents, either with or without the addition of tungsten, cobalt, molybdenum, vanadium, copper, nickel, aluminium, silicon, uranium, zirconium or boron or two or more of these; it hardens of itself when allowed to cool in the atmosphere from the hardening temperature, and when it is magnetised, there is produced a magnet of great power, high in magnetic intensity and of good constancy.

The objective of the invention is a magnet-steel having a self-hardening property so that the process of hardening which is deemed necessary in the case of all the magnet-steels hitherto produced is not required.

The hardening of magnet steel by cooling with cold water from the hardening temperature requires minute care because an error in the regulation of temperature, however slight, will prevent the material from being a good magnet. Moreover, during this hardening, there are very often losses due to cracks and deformations.

There is a known chromium steel containing a small proportion of manganese, but this material is different from the alloy of the present invention, because the former is not a self-hardening magnet steel.

In producing the alloy steel according to the present invention, the steel is melted by the usual process, and ferro-chromium and ferro-manganese are added. The amount of the ferro-chromium and ferro-manganese to be thus added in proportion to the melted steel varies, of course, with the composition of these additions, but the steel alloy produced is to contain from 1.0 to 5.0 *per cent.* of chromium, from 1.0 to 3.0 *per cent.* of manganese and from 0.5 to 1.0 *per cent.* of carbon. This steel alloy is subjected while hot to mechanical operations of forging and rolling, so as to give it the required shape and dimensions and after allowing it to cool, by free exposure to the atmosphere, from a temperature of about 800° C. it is magnetised in the usual manner. The magnet produced is powerful and high in magnetic intensity and coercive force, while, at the same time, it can acquire a good permanent magnetic condition by artificial ageing in a very short time, reheating it to 100° C. only for 30 minutes.

The presence of impurities commonly found in some iron, like sulphur, phosphorus, arsenic, and so on, causes no obstacle to producing the steel alloy according to the present invention.

Having now particularly described and ascertained the nature of my said invention and in what manner the same is to be performed, I declare that what I claim is:—

1. A magnet steel alloy having self-hardening property containing chromium and manganese as its chief added constituents.

2. A self-hardening magnet steel containing from 1.0 to 5.0 *per cent.* of chromium, from 1.0 to 3.0 *per cent.* of manganese, and from 0.5 to 1.0 *per cent.* of carbon.

3. A steel magnet having the composition referred to in Claim 1 or 2.

Dated this 5th day of October, 1921.

ABEL & IMRAY,
30, Southampton Buildings, London, W.C. 2,
Agents for the Applicant.

Hereford: Printed for His Majesty's Stationery Office, by The Hereford Times Ltd.
[Wt. 87A—50/4/1927.]

[Price 1s.]

図 4-2　F W鋼の英国特許第 189924 号の特許明細書.

ン〇・二～一％である。特許出願日はそれぞれ一九二九年十一月九日、一九三二年八月十三日となっている。この時期に国内でタングステンやコバルトが使えるようになったことがわかる。渡辺は多数の特殊鋼の特許を国内出願しているが（巻末表4－1参照）、外国に出願したのはＦＷ磁石鋼だけである。特許庁に存続期間の延長を申請したのもこれ一件だけである。彼のＦＷ磁石鋼にたいする思い入れが感じられる。

参考文献


1　野口幹世、『存亡』、にじゅういち出版、（二〇〇三）
2　矢島忠正、『特殊鋼の父、渡辺三郎』里文出版、（二〇〇五）
3　鈴木雄一、『金属』八十二巻（二〇一二）五号

# 第五話　加藤与五郎・武井武とフェライト磁石

加藤与五郎（左）と武井武（右）
（東京工業大学博物館提供）

加藤与五郎は電気化学の分野で多大な業績を残した学者である。すぐれた教育者であり、広い分野の発明家で、多くの特許を取得した。研究成果の大半が事業化され、多くの優秀な弟子を育てた。

加藤与五郎は明治五年（一八七二年）に刈谷市で生まれた。小学校を卒業したあと、十五歳で授業生（小学教師）の試験に合格した。家が貧しく、上級の中学と高等学校に進めなかったが、同志社大学の前身であるハリス理化学校に入学し、卒業後、東北学院の教師になった。その後、難関と云われた全科検定試験に合格して京都帝国大学に本科生として入学した。三十一歳で卒業した与五郎は渡米してマサチューセッツ工科大学のノイス教授の研究所手となった。タングステン電球の発明でのちに有名になったクーリッジと共に、ノイス教授の独創的な研究の進め方を身につけた。二年後に帰国して、東京高等工業学校の教授となり、一九二九年に同校が東京工業大学になったとき、五十八歳で大学教授になった。東京高等工業の時代から育てた武井武とともに磁性フェライトを発明し、磁性研究の新しい分野を拓いた。

加藤の弟子、武井武は、加藤から与えられた亜鉄酸亜鉛の研究テーマを発展させ、得意の磁性の学識を生かして磁性フェライトを生み出した。武井は明治三十二年（一八九九年）に埼玉県で生まれた。東京高等工業学校を卒業して東北電化という小さな会社に入った。工場がうまくいかない間に兵役をすませて、除隊後に学問を目指し、東北大学の理学部化学科に入学した。卒業研究を同学の金属材料研究所で行うことを希望し、認められた。卒業後、同所の研究補助に採用されたが、東京高等工業学校が東京工業大学に昇格したとき、加藤与五郎教授から同校の助教授として呼ばれ、加藤の研究室に戻った。加藤教授から与えられた研究テーマは「亜鉛フェライト」であった。金属材料研究所以来、武井が抱いていた磁性研究への興味から、酸化金属の磁性の研究を進め、コバルト・フェライトのすぐれた磁気特性を見出した。加藤・武井がはじめた磁性フェライト研究の成果は、世界の電子工業に欠かせない新しい材料を提供した。

## フェライト磁石の誕生

フェライト磁石の発見の経緯は、電気学会雑誌に掲載された加藤・武井の最初期の報告「酸化金属磁石の特性」が当時の雰囲気をよく伝えているので引用させてもらう。

**「酸化金属磁石の特性」電気学会東京支部昭和八年五月講演**

**概説**：酸化金属磁石が酸化鉄の内に他の酸化金属の溶解した固溶体で構成される事はすでに述べた。この固溶体で磁石が出来るに至る迄の研究の径路について述べて見たい。それでこの磁石の発達が他の工業操作と如何に関連するかも分って興味があると思う。

**亜鉛電気製錬**：亜鉛の鉱石は硫化亜鉛が普通である。これから亜鉛を製するには、電解による方法が優勢になって来た。それには鉱石を一度焙焼するのである。そしてその焙焼した焼鉱を希硫酸にて溶解して硫酸亜鉛の水溶液とする。その水溶液を電解すればここに亜鉛が陰極上に電着するのである。これが亜鉛の電解製造法の筋路である。上の亜鉛鉱の焙焼中にすこぶる厄介な現象がある。と云うのは、亜鉛鉱には鉄が附物である。此の鉄が上の焙焼中、亜鉛と結合して希硫酸に溶解し難いものになるのである。かくなった亜鉛が多量にあるので、亜鉛製造にはこれが大問題となったのである。その解決法として鉄に結合した亜鉛を磁気分離法にて他の亜鉛と分離する方法が案出された。（かく分離した亜鉛と鉄とから成る難溶結合物を別扱いにして、これから別の方法で亜鉛を製する。）これはテイントン法と称して米国で大規模に行はれるにいたった。しかるに亜鉛と鉄との上の結合物で磁気分離の出来るものと出来ないものがあることが分ってきた。即ちテイントン法の施せるものと施せぬものとの有ることが分った。之は又工業上の一問題となったのである。

**亜鉄酸亜鉛**：上の鉄と亜鉛との難溶性化合物は次の如く出来るのである。即ち鉱石焙焼中には先づ酸化鉄と酸化亜鉛とが生ずる。而して之等が互に化合して次式の如く亜鉄酸亜鉛になるのである。

$$Fe_2O_3 + ZnO = ZnFe_2O_4 \quad \text{(亜鉄酸亜鉛)}$$

所で亜鉄酸亜鉛は殆んど磁性のないことは能く分って居ることである。然らば此の非強磁性物の磁気分離が出来るのが分り兼ねることになるのである。此の問題の解決が出来れば自然之の磁力分離の能不能の原因も分る訳である。そこで吾が教室では此の問題の研究に取りかかったのである。

**固溶体生成**：溶剤の内に溶質の溶解して溶液となるには一種の原則が在る。即ち、溶剤にはそれに化学上類似した溶質が溶解し易いのが常である。例えば、水にアルコールが能く溶解する。水とアルコールとは化学構造上では類似する。固溶体は上述の如く固態溶液であって溶剤と溶質と類似するときに出来易いのである。亜鉄酸亜鉛を溶剤と考へるときは之に化学上類似の溶質が溶解し易い訳である。即ち亜鉄酸亜鉛には之と構造上類似した亜鉄酸鉄の如きものが溶解し易いのである。（之等は又吾が教室X線的測定で原子格子の似て居ることも確かになった。）

**亜鉄酸亜鉛の磁性**：磁鉄鉱に磁性のあることは能く分って居ることは上述のごとくである。このものが亜鉄酸亜鉛の内に溶解して固溶体となるのは上の理で了解し易いことと思う。研究の結果亜鉄酸亜鉛には磁鉄鉱が固溶体となることが明瞭となった。而して更にこの固溶体が強磁性となることが明瞭となった。更に進んで此の固体中磁鉄鉱の溶解せる量に比例して磁性の増すといふ数的関係までも明瞭になった。而して之が上の亜鉛鉱焙焼中に生ずる亜鉄酸亜鉛が磁性を具備する原因であることが判明した。依って此の結果を米国でテイントン法を実施せるセントルイス市に開かれた電気化学年会で発表したのである。

**固溶体の磁性の吟味**：亜鉄酸亜鉛は上述の如く非強磁性物質である。此の非強磁性物質内に磁性の磁鉄鉱が溶解して強磁性となり更に其の磁性が磁鉄鉱の含量にて左右されるごときは興味のあることと思う。更に又磁鉄鉱に他の磁性体が溶解した固溶体の吟味は更に興味が多いように感じた。酸化金属磁石は磁鉄鉱に亜鉄酸コバルト等の溶解した固溶体であるのは上述の如くである。研究の結果、またこの亜鉄酸コバルトには磁気的にはすこぶる興味ある性質のあることを見出した。之と磁鉄鉱の固溶体の性質は学術上興味あるものと思う。之に関連して考えるべきものがある。純鉄は磁性の大なるものである。然し純鉄自身では磁力を保持する性に乏しくして耐久磁石としては用をなさぬ。之に炭素、コバルト、タングステン等が溶解して固溶体となるときは磁力を保持する性質が著しく大となって立派な耐久磁石となるのである。

**亜鉄酸コバルトの特性**：磁鉄鉱に磁力保持性を与えるべき亜鉄酸コバルトにつきて説明する。磁性物質には磁性の臨界温度のあることは能く知られる所である。即ち低温度で磁性を有する物質も之を或温度以上に熱するときは磁性のないものになるのである。但し此の臨界温度は磁性物質の種類に依って著しく異なるのである。亜鉄酸コバルトに此の臨界温度の在るのは勿論である。然し亜鉄酸コバルトの磁化には更に次の著しい特異性がある。亜鉄酸コバルトは常温では磁界内においてもこれを強く磁化することは容易でない。然るに高温度においてはこれが容易である。而も高温度で一度磁界内に置くときは之を冷却しても尚強く磁化される特異性がある。図5-1は製したままの亜鉄酸コバルトと一度高温度で磁界に置かれた亜鉄酸コバルトとのヒステリシス曲線を比較する。此の図で明かなる如く一度高温度の磁界内（直流又は交流の）に置かれたものは著しく受磁性を獲得するのが分る。かくの如く一旦この性を獲得したものは常温においてもなお能く強く磁化し得るのである。之で亜鉄酸コバルトは一定の高温度の磁界内で受磁性ある状態に転移するものと考へることが出来るのである。磁性物質で高温度でかくの如き受磁性強きものに転移する点のある例は頗る希である。亜鉄酸コバルトは此の点において顕著なる一異例をなすものであることを特記する。かくの如き転移点を有する亜鉄酸コバルトが磁鉄鉱内に溶解して固溶体を形成する場合の結果は如何。之は吟味を要する興味ある理論上の新問題であると思う。此の問題研究は自然酸化金属磁石の研究となるのである。

**亜鉄酸コバルト固溶体の磁化**：酸化金属磁石は上述の如く磁鉄鉱に亜鉄酸コバルトの溶解した固溶体である。従って酸化金属磁石は亜鉄酸コバルトの上の特異性をも具備すべきである。従って此の磁石の磁化には之を高温度の磁界に置きて其の受磁性を増大せしめ得るべき理である。かくの如くして一旦受磁性の大な状態となした後は常温にても尚強く磁化されるのである。而して之は又磁気学上のみならず一般溶液論から見ても興味ある新事実と見られる。

**金属磁石の磁化との比較**：磁性に関して、鉄は磁鉄鉱と類似の点がある。上述の如く金属磁石は鉄

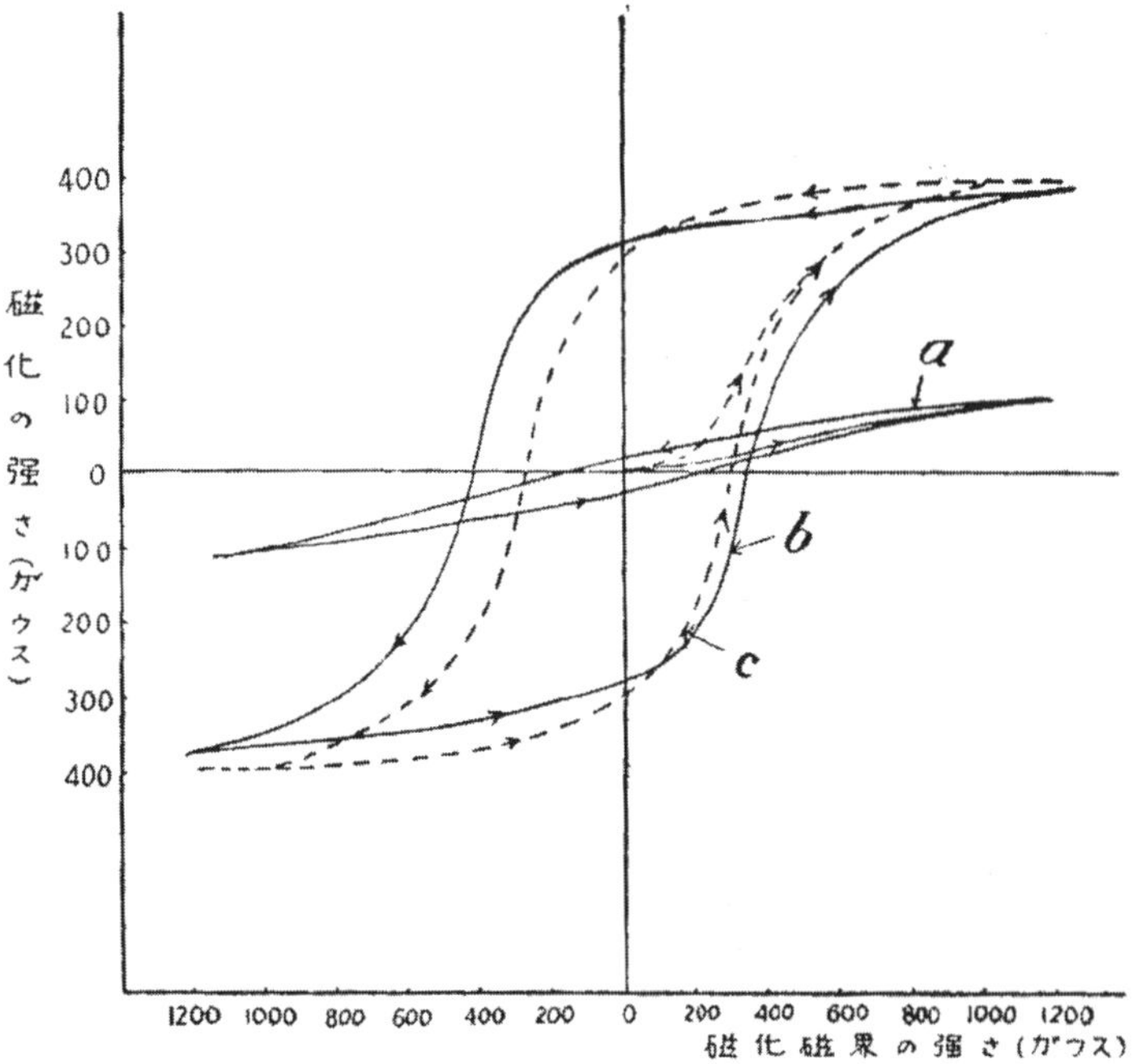


$a$: 高温磁化を行はざるものの曲線
$b$: 300°C より 1,000 ガウスの直流磁界内にて冷却せるものの曲線
$c$: 300°C より 1,000 ガウスの交番磁界内にて冷却せるものの曲線

第一図　磁化のヒシテリシス曲線

図 5-1　電気学会雑誌論文の図面：磁化のヒステリシス曲線.

に炭素、コバルト、タングステン、ニッケル等の溶解した固溶体である。酸化金属磁石は磁鉄鉱に亜鉄酸塩殊に亜鉄酸コバルトの溶解した固溶体である。しかるに鉄に溶解する炭素、コバルト等は上記の如く温度及び磁界と受磁性との関係が亜鉄酸コバルトの其の如く顕著でない。従って金属磁石では高温度で受磁性を増すといふことは行はれて居らぬのである。之で酸化金属磁石の磁化が異例であることが分る。

**磁体の成分と磁力の保持**：上述の如く金属磁石は鉄が主体であって酸化金属磁石は酸化鉄特に磁鉄鉱が主体である。而して之等主体は何れも導磁性の大なるものである。之等は何れも磁力の保持性が殆んどない。(此の保持性は後に述べる如く抗磁性及び殘留磁気で表はされる。) 金属磁石の磁力保持性は炭素、コバルト、タングステン等が主体なる鉄に溶解して現はれるのである。之に類似して酸化金属磁石においては其の磁力保持性は其の主体なる磁鉄鉱に亜鉄酸コバルト等が溶解するために現はれる。この溶質で磁力保持性の現はれることは頗る興味あるもののごとく思はれる。

以上がフェライト磁石発見の経緯であるが、加藤らはこれをどうやって発表するか苦労した。論文の緒言に「磁石を酸化物から製することは尚知られて居なかった様に思われる。本会が此の新しき磁石に就きて述べる機会を与えられた光栄に対して深謝の意を表します。」と云っている。脚注に両名ともに非会員であることが記されている。電気学会で発表したことは大成功であった。日本語で書かれた論文が世界中の注目を集めた。磁性の教科書として有名なボゾルスの『フェロマグネティズム』

は「酸化物磁石」という項目を設け、「一九三三年に加藤と武井によって、特殊な熱処理をした鉄とコバルトの酸化物の混合物から作った、永久磁石用の新しい磁性材料が示された。この物質は高い抗磁力と比較的低い残留磁気、異常に高い電気抵抗および鉄の約半分の密度を持っている。米国ではベクトライトの名で、さらにフランスで製造販売されている」と書いた。ハッドフィールドの『永久磁石と磁性』に、「一九三三年に最初の酸化物永久磁石が加藤・武井によって作られた、それは基本的にコバルト・フェライトである。この物質はしかしながら低いエネルギー積の故に限られた応用しか見出せなかった。」とある。

## フェライト磁石の特許

フェライト磁石の日本における特許を出願日の順にまとめたのが巻末の表5-1である。発明者は一部を除いていずれも加藤と武井であり、特許権者は三菱電機株式会社となっている。昭和五年（一九三〇年）に出願した特許第一一〇八二二号「酸化金属製磁石」が基本特許で、他の特許はこれを補充するものである。基本特許と他の特許との関係は：第三成分を添加する焼結促進法（特許第一一〇八二三号）、固溶体生成を促進する雰囲気調整焼結法（特許第一一〇八二〇号）、磁場冷却法（特許第一一二〇三六号）、磁極片接着の構想（特許第一一〇八二七号）、マグネット伝導装置（特許第一一〇一六五号）、多極磁石（特許第一一〇八二一号）となっている。これらの発明によって向上した磁石の性能は、残留磁気三五〇〇ガウス、抗磁力一〇〇〇エルステッド、最大エネルギー積は二メガ・ガウスエールステッドにおよんだ。

代表的な特許第一一〇八二二号の内容は次の通りである。

**「発明の性質及目的の要領」**：本発明は酸化鉄と元素周期系表第一族及び第二族以外の金属酸化物とより成る磁力保持性ある物質を主体となし、加熱圧縮又は其他類似の方法にて粒子を密接せしめ成形磁化したる酸化物金属製磁石に係り、其の目的とする所は特に磁力保持性高くして軽量強き耐腐蝕性製作容易等の長所を有する磁石を得るにあり。

**「発明の詳細なる説明」**：本発明は酸化鉄と他種金属酸化物とより成り、加熱圧縮又は其他の類似の操作、例えば、搗き固め等の如き操作を加へ更に加熱し又は加熱せずして粒子の密接をなし成形磁化して製したる酸化金属製磁石なり。従来の磁石は金属製にして主に鉄の合金製に限られ未だ酸化金属製磁石の応用を見るに至らず。しかるに本発明者は研究の結果、酸化鉄と元素周期系表第一族及び第二族以外の金属の酸化物とより成り、加熱により或は圧縮等のごとき機械的操作により粒子を密接せしめ、或は更に加熱することによって、すこぶる強力の磁石を製し得ることを発見せり。特に $M^{II}M^{III}{}_2O_4$ の汎式を有するものにて、この保持性高き磁石を製し得ることを発見せり。例えば、$CoFe_2O_4$、$NiFe_2O_4$等の如き組成を有するものはこれを用ひて頗る強力の磁石を製し得るがごとし。故に本発明においてはこれを基礎として酸化鉄と元素周期系表第一族及第二族以外の金属の酸化物とより成り、加熱圧縮其他類似の操作を施し成形したる後、或は更に加熱し、磁化して酸化金属製磁石を製するなり。

本発明の特長の例を次に説明せん。金属製磁石は其の製作容易ならず。特に金属製強力磁石に至っては、其の製作すこぶる困難にして、それが製作に当っては不良品を生ずること多く、換言すれば歩止りいちじるしく低し。これ金属製磁石の欠点の一なり。従って、金属粉末を圧縮形成して此欠点を救わんとの計画多しといえども、未だ成功せるものを見ず。然るに本発明の磁石は金属の代りに金属酸化物の粉末を固めて作られるを以て、其の製作の容易なるは明らかなり。従って此の製作においては不良品少なく、仮に偶々不良品を生ずるも、これを粉砕し再び成形すれば良好の磁石と成し得えるべし。これ本発明長所の一なり。又金属は種々の瓦斯、蒸気のために酸化腐蝕せられるもの多し。金属製磁石には此の危険多し。これ金属製磁石欠点の二なり。本発明の磁石に至ってはこの危険なき長所あるば明らかなるべし。以上の外、尚金属製磁石の欠点にして本発明の酸化金属磁石によって除去せられるもの少しとせず。

今本発明実施方法の例を酸化鉄と酸化コバルトとより成る物質に就き説明せん。

一、硝酸コバルト一モルに対し硝酸第二鉄二モルを含有せる水溶液にアルカリを加へて両水酸化物を混合沈澱せしめ、之を洗浄して六百度以上に熱して脱水結合せしむ。かくして得たる亜鉄酸コバルト$CoFe_2O_4$は磁性を有す。此の粉末に適当の接合剤を加へ、又は加へずして圧縮し、又は類似の操作、例えば、加熱等にて粒子を密接せしめて所要の形となし、或は更にこれを高温度に熱し一層磁性を増し適当の磁化法によって磁石となす。
二、硝酸コバルト一モルに対し硝酸鉄二モルの混合物を六百度以上に熱し、硝酸を充分除去し、第一例の如く $CoFe_2O_4$ の式を有する磁性物質を製し得るべし。これにて又第一例の末項の如く酸化金属磁石を製するを得べし。
三、酸化コバルトの一モルに対し酸化第二鉄一モルの割合の混合物を高温度に熱して第一例の如き磁性の物質を製す。此の物質より第一例の末項の如くして磁石を製し得るべし。
四、鉄の粉末とコバルトの粉末との混合物を酸素に接触せしめて加熱し酸化して得たる磁性物質より第一例の末項の如くして磁石を製す。
五、右の第一乃至第四の諸例にて先ず酸化鉄と酸化コバルトとの磁性殆んどなき混合物を磁石の形となし、六百度以上に加熱して始めて磁性を強からしめるも可なり。
六、右第一例乃至第四例の如くして製せる磁性物質を主体とし金属其の他強靭なるものにて製せる套内に加圧して詰め込みて磁石の形となし、又は加圧成形して此の套を以て被ひて磁石の形を作る。但し此套は破損を防ぐために用ふ。
右第三例においては先ず酸化鉄と他の金属の酸化物とより磁性物質を製し、第一例第二例第四例においては先ず加熱にて酸化物を生ずべき物質の混合物を熱して磁性物質を製す。而して諸例共に其れより磁石を製するなり。

右諸例においては常に一モルの酸化鉄に対して一モルの酸化コバルトより成るものを本発明の磁石

の主体となす如く説明せり。然れども此割合は変更し得るべし。例えば、酸化鉄を此割合の二倍としても尚有効なる磁石を製し得るがごとし。

右例においては酸化鉄と他の一種の金属酸化物とより成る物質より磁石を製する例を示せり。然れども酸化コバルトの一部を酸化ニッケルにて置換して磁石を製し得るべし。又同様に酸化鉄の一部を酸化クロムにて置換して磁石を製し得るべし。

故に本発明は酸化鉄と元素周期系第一族及第二族以外の金属の一種又は二種以上の酸化金属を主体となし、圧縮又は類似の方法にて粒子を密接せしめて成形磁化せる酸化金属製磁石にあるにあること明白なるべし。又此磁石は成形後加熱して一層磁性を増進せしむことあり。

**「特許請求の範囲」**：本文に詳記せる如く、主に酸化鉄と元素周期系第一族及第二族以外の金属の酸化物とより成り、加熱圧縮其他類似の操作を加へ粒子を密接せしめて成形磁化したる酸化金属製磁石。

## フェライト磁石の外国特許出願

加藤は『独創の原点』のなかで、「出願明細書は筆者自ら執筆するのを例としている」、さらに「特許出願に際してはできるだけ筆者一人が出願人となる主義をとった」と書いている。しかしフェライトについてはほとんどが武井と共願である。フェライト磁石の特許は三菱電機が特許権者になっているものが多い。フェライト磁石が三菱電機によって工業化されたことのメリットの一つは、外国特許出願であった。臨時解雇を実施するような昭和初期の大不況のなかで、英、米、仏、独、加の五カ国に出願された。加藤・武井が発明者となっているフェライト磁石の外国特許を巻末の表5－2に登録順にまとめた。米国が二件、英、独、カナダがそれぞれ一件となっている。

ドイツ特許は出願から登録まで十年を要し、第二次大戦中に特許になっている。一番早く登録になったカナダ特許第三三一八八〇号は出願書類の一部しか保存されていない。米国特許の二件の明細書には日本出願日が記載されており、日附に相当する日本特許は第一一〇八二二号である。しかし明細書の内容を比較してみると、米国特許第一九九七一九三号と第一九七六二三〇号がそれぞれ日本特許第一一〇八二二号と第一一〇八二三号に対応していることがわかる。前者がコバルト・フェライト、後者がコバルト・ニッケル・フェライトの特許である。両者ともに日本特許第一一〇八二一号と同じ図面を掲載して、この磁石の利点を強調している。図5－2に米国特許第一九七六二三〇号の明細書の図面を示す。英国特許第四三二一五二号「金属酸化物また複数の酸化物製の磁石における又は関連する改良」の特許明細書は一ページだけの短いもので、特許請求範囲も「鉄の酸化物と他の一種または複数の金属の酸化物からなる磁化可能物質からなる磁石、その粒子を熱と圧力または他の同様な処理により希望するサイズと形状に固めてから磁化すること及び金属又は他の外部保護カバーを有するか金属又は補強材を材料の中に埋め込んでこれによって材料を劣化からまもること」および「添付図面を参照して実質的に述べられた磁石」と簡単に書かれている。特許権者は三菱電機株式会社、加藤与五郎、武井武の三者となっている。三菱電機はこのほかに英国特許四三二一五二号「金属酸化物また

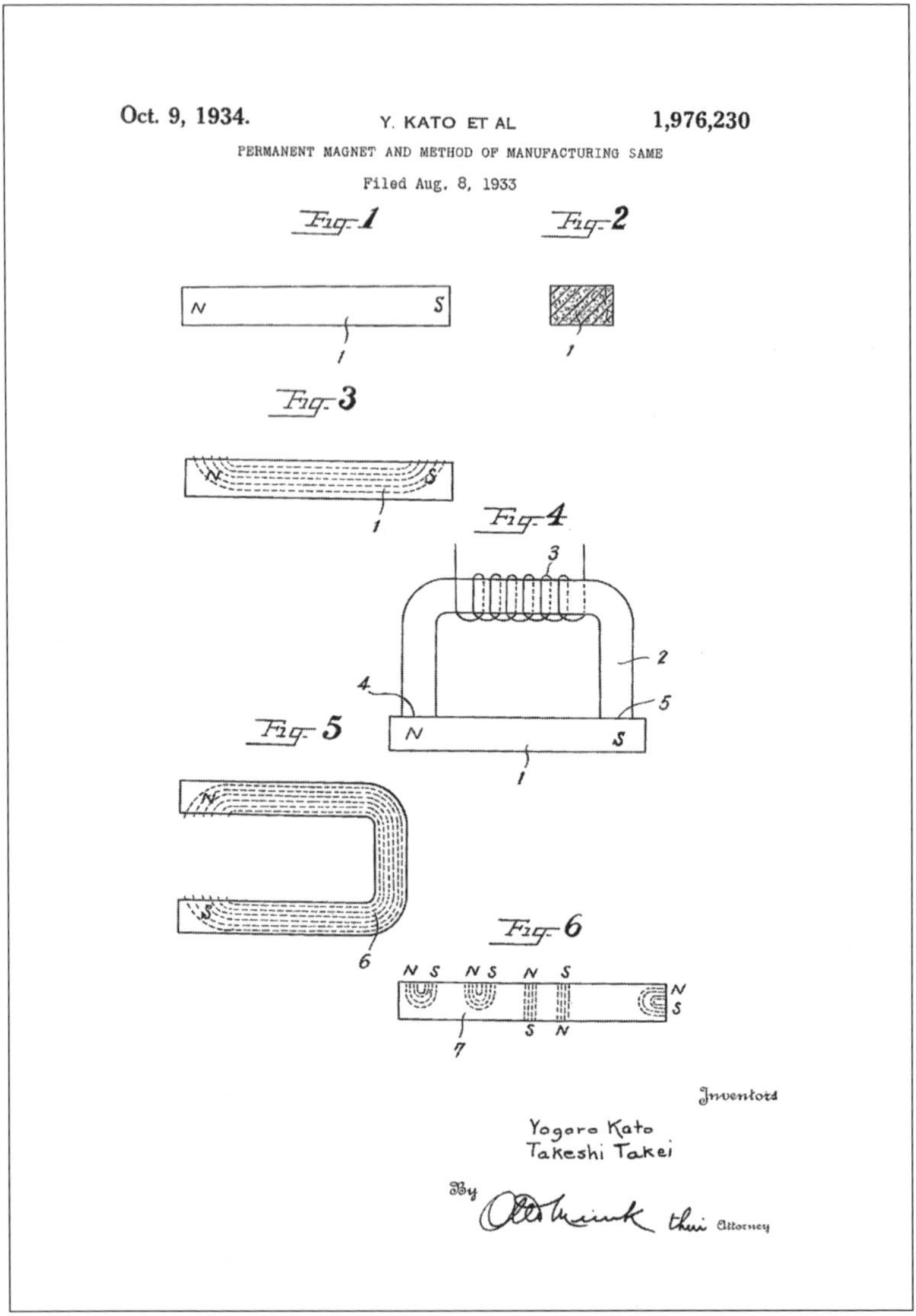


図 5-2　米国特許第 1,976,230 号の特許明細書図面.

複数の酸化物製の磁石における又は関連する改良」を特許にしている。英国特許第五九六八七五号「磁石の製造に関する改良」はフランス特許第九八三四四一号を原特許とし、フランスと英国のほかにベルギー、スイス、ドイツ、および米国で特許になった。米国における特許第二四六三四一三号「酸化物永久磁石の製造」は戦時特別法の下に出願され、第二次大戦後の一九四九年三月一日に登録になった。米国特許に記載された発明者は、フランス、グルノーブル在住のルイ・ネールとなっているが、ノーベル賞受賞者のネールと同一人物であるかは定かでない。いずれにしても一九四〇年代の後半まで、つまり一九五〇年にフィリップスがバリウム・フェライトを発明して工業化に成功する直前まで、加藤・武井の発明したコバルト・フェライトがフェライト磁石の主流であったことがわかる。

## ＯＰ磁石の工業化

ＯＰ磁石（コバルト・フェライトの商品名）の工業化の様子は『日本発明家伝』に書かれている。

「この磁石は昭和十年頃から三菱電機㈱において製造、販売されている。この磁石は小型発電機、電磁チャック、電話器、計器、磁気選鉱機等に使用され、更に近年はラジオ、拡声器、マイクロ波用、バイアス用等各方面に利用されるに至った。すなわち酸化金属製磁石は従来の金属磁石と異なり特殊の性質を持っているので、この特性を利用して小型発電機の改良、電気計器の改善、工作機械、受話器の進歩に非常に貢献しているが、なおこの磁石を用いた磁力選鉱機は世界に類例のない特殊なもので、この機械はわが国の鉄冶金の発展に寄与する所大なるものがある。このように酸化金属磁石は過去および現在において各種産業の発展に大きな役割を果したものであり将来にわたってもますます広く利用されるものと期待されているのである」。

当時の新材料にたいする期待がよく表れている。

磁力選鉱機について安達竜作『加藤与五郎・人とその生涯』は次のように書いている。

「ＯＰマグネットの発明された当初は碁石や掲示黒板などの利用が試みられたのに過ぎなかったが、選鉱機への適用によって工業材料界の関心が、急速に高まりだした。この形勢を展望していた三菱電機会社（社長川合源八）は、昭和十年大内愛七専務の決断によって、ＯＰ磁石の企業化に乗り出すことになった。まず芝浦工場に試験生産設備を設けたが、越えて昭和十五年の五月、大船に新工場を建設して、ＯＰ磁石による磁力選鉱機の製造を本格的に開始したのである。加藤研究室から河合登（のち取締役になる）が技術主任格となり、ほかに野口元吉郎、山崎勝弘、須賀元子などが入社して、この工業化に協力した。加藤は愛弟子たちのため、土曜日の午後はしばしば大船にやってきて、河合登などの報告を聴取しては、あれこれと技術上の指示を与えた。参考までに戦時中にあって砂鉄精錬に着手した著名会社をあげてみると、日本曹達、日本砂鉄鋼業、報国製鉄、鉄興社のほか数社があったが、いずれも最寄りの各地の工場で生産に活躍した」

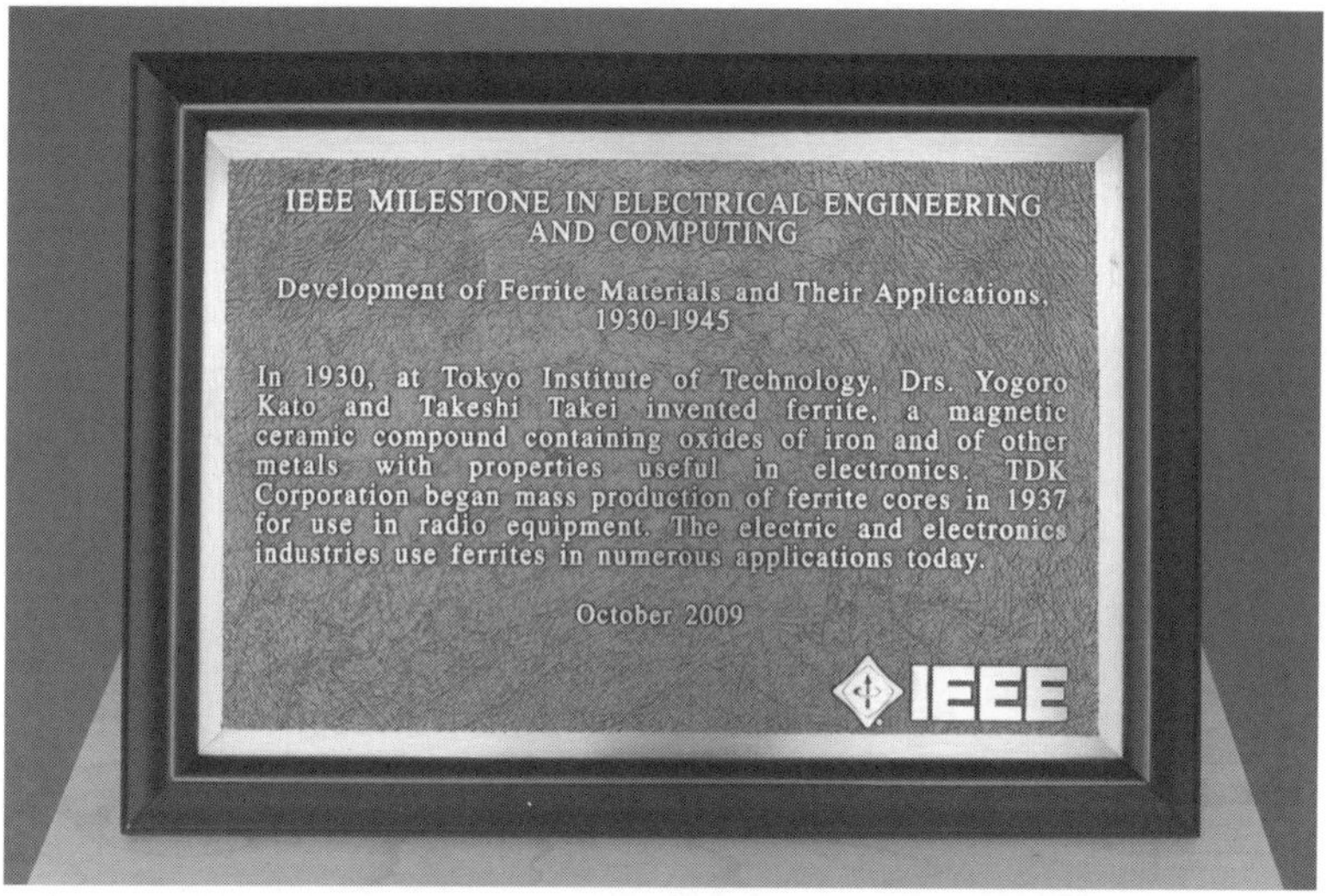


IEEE マイルストーン銘板（東京工業大学博物館提供）

と書かれている。

三菱電機側の記録はすくない。『三菱電機社史・創立六十周年』の年表に、昭和十五年「ＯＰ磁石、大船工場で生産開始」と一行だけ記されている。外国文献では前記ボゾルスとハッドフィールドのほかＮＢＳの『基本磁気量と材料の磁気特性の測定』の中に、「コバルト・フェライトやベクトライトのような金属酸化物から作った磁石材料が製造され長いあいだ使われた。しかしほとんどバリウム・フェライトと入れ替わった」とある。

米国に本部をおくＩＥＥＥ（電気電子工学会）は二〇〇九年に「フェライトの発明とその工業化」をＩＥＥＥマイルストーンに認定した。フェライトが日本の発明であることが、世界的な機関によって認められたのである。ＩＥＥＥマイルストーンは電気・電子技術と関連分野において、開発から二十五年以上経過し、社会や産業の発展に貢献した重要な歴史的業績を称えるために一九八三年に制定された。最初に贈呈されたのはベンジャミン・フランクリンである。日本では一九九五年の八木・宇田アンテナが最初で、今回二〇〇九年の認定は十件目になる。本件は磁心等に用いるソフトフェライトに関するものであるが、加藤・武井両氏のフェライトの発明の業績が八十年にして世界中から確認されたことになる。ＩＥＥＥより贈呈された「ＩＥＥＥマイルストーン」記念銘板は東京工業大学百年記念館に展示されている。

参考文献
1　安達竜作、『加藤与五郎・人とその生涯』、財団法人加藤科学研究所、（一九七二）
2　加藤与五郎、『創造の原点』共立出版、（一九七三）
3　松尾博志、『武井武と独創の群像』工業調査会、（二〇〇〇）
4　武井　武、『研究生活四十年』武井武先生還暦記念会、（一九六二）
5　加藤与五郎、武井武、電気学会雑誌、五十三巻（一九三三）、四〇八頁
6　鈴木雄一、『金属』八十二巻（二〇一二）七号

# 第六話　トップの座に返り咲く

第二次大戦が終わって、日本の産業は復興に向かって再出発した。経済の回復はめざましく、短い間に世界の製造業をリードするまでになった。この間、磁石は自動車、電話、計測器といった先端産業の発展に不可欠な材料であった。しかし、大戦中に進歩した欧米の磁石技術は予想以上に高くなっており、日本は国際的な競争力を失っていた。三島徳七が発明したＭＫ鋼は、アルニコ（ＡＬＮＩＣＯ）磁石の名で改良が進み、高級磁石の分野を独占した。米国のＧＥ社が、磁場中冷却法で異方性を持たせたアルニコ5を開発し、オランダのフィリップス社からチタンを含むアルニコ8を商品化した。最大ＢＨ積は一〇メガ・ガウスエールステッドに達した。

## フェライト磁石の進展

フェライト磁石でも大きな進展があった。一九五二年にフィリップス社がバリウム・フェライト

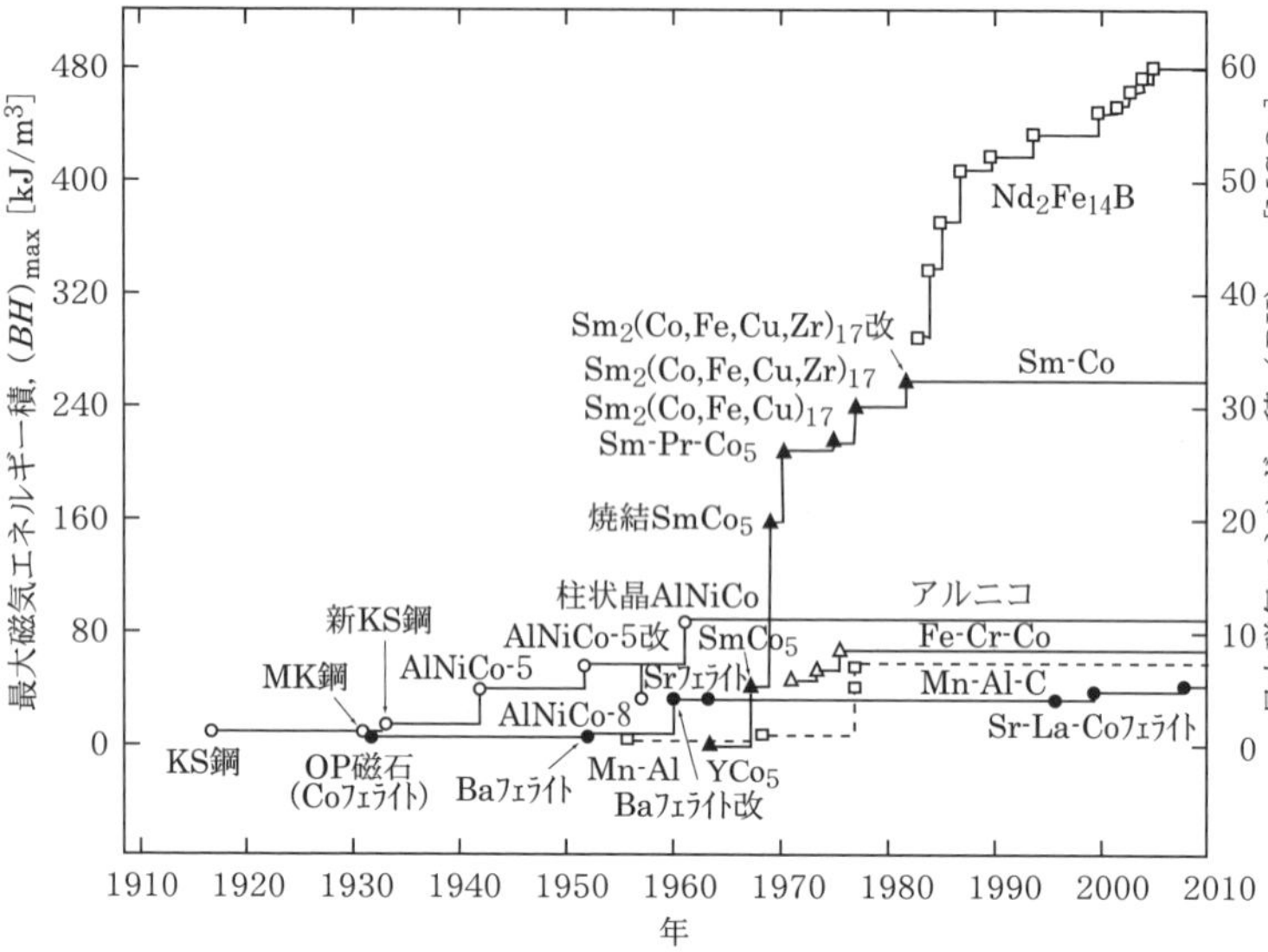


主な永久磁石の磁気特性の推移

を発表した。酸化鉄と炭酸バリウムを圧粉焼結したセラミックス磁石で、加藤・武井のＯＰ磁石の性能を大きく上回った。アルニコ磁石と比較すると、保磁力が大きく、電気抵抗が高く、重量が軽く、耐食性に特長があった。バリウム磁石は価格が低いメリットを生かして生産量を増やした。一九六三年に、米国ウェスチングハウス社からストロンチウム系のフェライト磁石が発表された。価格は若干高いが、保磁力と磁気異方性にすぐれ、異方性フェライト磁石に使われるようになった。安価なフェライト磁石は着実に売り上げを伸ばし、一九七七年前後に金属磁石の売り上げをこえた。

## 希土類磁石の研究開発

希土類を使った磁石の研究のはじまりは、米国のハバードが一九六〇年の学会に発表したガドリニウム・コバルト合金だった。しばらくしてサマリウムとコバルトの化合物が持つすぐれた磁石特性が発見されると、希土類磁石の研究開発が活発化した。日本の磁石の研究陣は往年の活力を取り戻しつつあった。一九七四年に松下電器の俵好夫がサマリウム系多元合金で二〇メガ・ガウスエールステッドを超え、一九七七年にＴＤＫの米山哲人らが三〇メガ・ガウスエールステッドを達成した。各国の研究者がサマリウム・コバルト系磁石の開発に邁進した。高価な原料を使う製品であったが、電子機器の小型化高性能化に対応して生産量を増やした。

## ネオジム磁石の発明

その中で、富士通から住友特殊金属に移った佐川眞人が、独力で世界一のネオジム磁石「鉄・ネオジム・ボロン合金磁石」を発明した。一九八二年の出来事であった。佐川眞人は一九四三年生まれ。神戸大学工学部（電気工学）の修士課程を卒業して、東北大学の博士課程に進んだ。同大学の金属材料研究所で学位を取得し、一九七二年に富士通株式会社に入社した。研究所に配属され、サマリウム・コバルト磁石の開発テーマを与えられた。当時最も強力とされた2対17の金属間化合物 $Sm_2Co_{17}$ の機械的な強さの改善が目標だった。固体表面を研究してきた佐川にとって、本多光太郎ゆかりの金研を出たからといって磁性は得意な分野ではなかったが、研究テーマの目標は何とか達成できた。希土類磁石の研究を進めるうちに佐川は、鉄・ネオジム・ボロン合金の持つ可能性に惹かれた。きっかけは東北大学金属材料研究所の出身で、未踏科学技術協会の特別研究員をしていた浜野正昭博士の講演であった。講演の大半は希土類コバルト合金に関する説明であったが、ほんの数分間、希土類金属（R）と鉄の化合物$R_2Fe_{17}$が永久磁石にならない理由について話した。化合物中の鉄原子の間の距離が小さいので$R_2Fe_{17}$の強磁性状態が不安定なのだと云う。佐川は思った。原子半径の小さい炭素やホウ素を合金化してやれば、となり合った鉄の原子間距離を広げられるのではないか。このひらめきがネオジム磁石の発明につながった。翌日から、R-Fe-CやR-Fe-Bといった合金を試験的に作成し、結晶構造と磁気特性の測定をはじめた。成果は着実に蓄積されていった。これらの試作合金はすぐに磁石にならなかったが、ネオジムを使ったNd-Fe-B系合金が磁石材料として有望な選択肢であると確信を持った。

本来の研究テーマである高強度の$Sm_2Co_{17}$磁石の開発期間が終わりに近くなった。目標はすでに達成していた。つぎのテーマに移るように云われた。佐川は次期の研究テーマとしてネオジム磁石を提案したが、認められなかった。会社の方針はバルクの磁性材料から磁性薄膜に移ることになり、佐川は、希土類と鉄またはコバルトの合金薄膜を磁気記録に応用するテーマを与えられた。彼は磁気薄膜の研究をすすめながら、休日の時間を利用してネオジム磁石の研究を続けた。バルク磁性材料の研究は全く行われなかったので、実験室はいつも空っぽだった。研究は少しずつ進展していったが、アンダーグラウンドの研究を続けることが難しくなった。

そこで、磁石の製造会社に移って研究を続けることにした。次の就職先は磁石の製造会社、大阪に本社をおく住友特殊金属であった。新しいネオジム磁石について構想を話すと、当時の岡田典重社長は快く迎えてくれた。数人の研究員と共にネオジム磁石の研究チームが発足した。佐川のチームは二、三ヶ月で最初の成果を上げげた。それまで世界最高の磁石とされていた$Sm_2Co_{17}$磁石をこえる特性を持つネオジム磁石の開発に成功した。一九八二年の七月であった。

## ネオジム磁石の日本特許

佐川は成果を学会で発表する前に特許を出願した。図6-1は日本で最初に公告されたネオジム磁石の特許明細書（特公昭六一―三四二四二、一九八二年八月二一日出願）である。発明の内容が具体的に示されている。まず特許請求の範囲は「原子百分比で、Nd、Pr、Dy、Ho、Tbから成る希土類元素のうち少なくとも一種八～三〇％、B二～二八％及び、残部実質的にFeから成り、磁気異方性焼結体であることを特徴とする永久磁石」となっている。

発明の詳細な説明を要約すると、

「本発明者は、R（希土類金属）-鉄系化合物の磁気異方性が大であり、かつ磁気モーメントが大きく、コバルトを含まない永久磁石であることに着目した。R-鉄系化合物において、Rとして軽希土類元素を用いた場合、キュリー点が極めて低く、化合物が安定に存在しないという欠点を有する。唯一の

⑲日本国特許庁（JP）　⑪特許出願公告

⑫特許公報（B2）　昭61－34242

| ⑤Int.Cl.⁴ | 識別記号 | 庁内整理番号 | ㉔㊹公告 昭和61年(1986) 8月6日 |
|---|---|---|---|
| H 01 F 1/08 | | 7354－5E | |
| C 22 C 38/00 | | 7147－4K | |
| | | | 発明の数 2 （全8頁） |

⑭発明の名称　永久磁石

㉑特　願　昭57－145072　⑯公　開　昭59－46008

㉒出　願　昭57(1982) 8月21日　㊸昭59(1984) 3月15日

⑫発明者　佐川　眞人　大阪府三島郡島本町江川2丁目－15－17　住友特殊金属株式会社山崎製作所内

⑫発明者　藤村　節夫　大阪府三島郡島本町江川2丁目－15－17　住友特殊金属株式会社山崎製作所内

⑫発明者　松浦　裕　大阪府三島郡島本町江川2丁目－15－17　住友特殊金属株式会社山崎製作所内

⑪出願人　住友特殊金属株式会社　大阪市東区北浜5丁目22番地

⑭代理人　弁理士　加藤　朝道

審査官　中村　修身

1　　2

⑰特許請求の範囲

1　原子百分比で、Nb, Pr, Dy, Ho, Tbから成る希土類元素のうち少なくとも一種8～30%、B2～28%及び残部実質的にFeから成り、磁気異方性焼結体であることを特徴とする永久磁石。

2　原子百分比で、Nd, Pr, Dy, Ho, Tbからなる希土類元素のうち少なくとも一種（但し全希土類元素の50%以上はNdとPrの1種又は2種）12～20%、B4～24%及び残部実質的にFeから成ることを特徴とする特許請求の範囲第1項記載の永久磁石。

3　原子百分比で、Nd, Pr, Dy, Ho, Tbから成る希土類元素のうち少なくとも一種とLa, Ce, Pm, Sm, Eu, Gd, Er, Tm, Yb, Lu, Yから成る希土類元素のうち少なくとも一種の合計8～30%、B2～28%及び残部実質的にFeから成り、磁気異方性焼結体であることを特徴とする永久磁石。

4　原子百分比で、Nd, Pr, Dy, Ho, Tbからなる希土類元素のうち少なくとも一種とLa, Ce, Pm, Sm, Eu, Gd, Er, Tm, Yb, Lu, Yからなる希土類元素のうち少なくとも一種の合計（但し全希土類元素の50%以上はNdとPrの1種又は2種）12～20%、B4～24%及び残部実質的にFeから成ることを特徴とする特許請求の範囲第3項記載の永久磁石。

発明の詳細な説明

本発明は高価で資源希少なコバルトを全く使用しない、希土類・鉄・ホウ素系永久磁石に関する。

永久磁石は一般家庭の各種電気製品から、大型コンピュータの周辺端末機まで、幅広い分野で使われるきわめて重要な電気・電子材料の一つである。近年の電気、電子機器の小型化、高効率化の要求にともない、永久磁石はますます高性能化が求められるようなつた。

現在の代表的な永久磁石はアルニコ、ハードフエライトおよび希土類コバルト磁石である。最近のコバルトの原料事情の不安定化にともない、コバルトを20～30重量%含むアルニコを磁石の需要は減り、鉄の酸化物を主成分とする安価なハードフエライトが磁石の主流を占めるようになつた。一方、希土類コバルト磁石はコバルトを50～65重量%を含むうえ、希土類鉱石中にあまり含まれていないSmを使用するため大変高価であるが、他の磁石に比べて、磁気特性が格段に高いため、主として小型で、付加価値の高い磁気回路に多く使われるようになつた。

－5－

図6-1　日本で最初に公告されたネオジム磁石の特許明細書.

可能性がある$PrFe_2$も同様に不安定であり、多量のPrを含む化合物の製造が困難である等の欠点を有する。本発明者はRと鉄を基本として、キュリー点が高くかつ常温以上で安定な新規な化合物をつくることを最初の目標とした。Rと鉄をベースとして多数の系を調製し、新規な合金の存在を探った。その結果、三〇〇℃前後のキュリー点を示す新規な鉄‐ボロン‐R系化合物の存在を確認した。さらにこの合金の磁化曲線を超電導マグネットを用いて測定した結果、異方性磁界が一〇〇キロエールステッド以上に達するものがあることを見出した。かくしてこの鉄‐ボロン‐R系化合物が永久磁石として極めて有望であることが判明した。

この材料を用いて、実用永久磁石を製造するために、種々の方法を試みた。例えばアルニコ磁石等の製造に用いられる溶解、鋳造、時効処理の方法では、保磁力が出現しなかった。その他、多くの既知の方法によって同様に目的とする結果は得られなかった。しかるに、溶解、鋳造、粉砕、成形、焼結の方法によって処理したところ、目的とする良好な磁気特性を有する実用永久磁石が得られた。本発明の永久磁石は、既述の八～三〇%R、二～二八%B、残部鉄において、保磁力が一〇〇〇エールステッド以上、残留磁束密度が五〇〇〇ガウス以上の磁気特性を示し、最大エネルギ積はハードフェライトと同等以上となる。

Ndまたはをの主成分とし、一一～二四%R、三～二七%B、残部鉄の組成は最大エネルギ積七メガ・ガウスエールステッド以上を示し、好ましい範囲である。さらに好ましくは、NdまたはPrをRの主成分とし、十二～二〇%R、四～二四%B、残部鉄の組成であり、最大エネルギ積一〇メガ・ガウスエールステッド以上を示し、最高で三五メガ・ガウスエールステッドに達する。
つぎに新しい化合物が次の粉末焼結法によって、高性能永久磁石になることを示す。
(一)合金を高周波溶解し、水冷銅鋳型に鋳造、出発原料は鉄として純度九九・九％の電解鉄、Bとしてフェロボロン合金(一九・三八％B，五・三二％アルミ、〇・七四％ケイ素、〇・〇三％炭素、残部鉄)、Rとして純度九九・七％以上(不純度は主として他の希土類金属)を使用。なお純度は重量％で示す。
(二)粉砕、スタンプミルにより三五メッシュスルーまでに粗粉砕し、次いでポールミルにより三時間微粉砕(三〜一〇ミクロン)。
(三)磁界(一〇キロエールステッド)中配向・成形(一・五トン／平方センチにて加圧)。
(四)焼結一〇〇〇〜一二〇〇℃ 一時間アルゴンガス中。焼結後放冷。
Bを含まない化合物は保磁力がゼロに近く(高保磁力用測定器では測定できないくらい小さいので〇とした)、永久磁石にはならない。ところが、原子比で四％、重量比でわずか〇・六四％のB添加により、保磁力は約三キロエールステッドになり、B量の増大にともなって急増する。これにともない最大エネルギ積は、七〜二〇メガ・ガウスエールステッド、最大で三五メガ・ガウスエールステッドに達し、現在知られている最高級永久磁石であるサマリウム・コバルト磁石をはるかに超える高特性を示す。

一方、残留磁束密度は、最初単調に増大するが六原子％付近でピークに達し、さらにB量を増大させると残留磁束密度は単調に減少していく。永久磁石としては少なくとも一〇〇〇エールステッド以上の保磁力が必要であるから、これを満たすために、B量は少なくとも二原子%以上でなければならない(好ましくは三原子%以上)。本発明永久滋石は高磁束密度であることを特長としており、高い磁束密度を必要とする用途に多く使われる。ハードフェライトの残留磁束密度約四キロガウスを越えるためには、B量は二八原子%以上でなければならない。なお、B三〜二七原子%、四〜二四原子%は夫々最大エネルギ積七メガ・ガウスエールステッド以上、一〇メガ・ガウスエールステッド以上とするための好ましいまたは最適の範囲である。

つぎにR量の最適範囲を検討する。Rの量は多いほど保磁力が高くなり、永久磁石として望ましい。永久磁石としては、さきに述べたように保磁力が一〇〇〇エールステッド以上必要であるから、そのためにR量は八原子%以上でなければならない。一方、R量の増大にともない、高保磁力になるのは良いが、必要以上の添加は残留磁束密度の低下を招く。従ってハードフェライトの磁束密度約四キロガウスを越えるためにはRは三〇原子%以下とする。またRは大変酸化されやすいため、高R合金の粉末は燃えやすく、取扱いが困難となり大量生産性の観点からも、Rの量は三〇原子%以下であることが望ましい。Rの量がこれ以上であると、粉末が燃えやすく大量生産が大変困難となる。

また、Rは鉄に比べれば高価であるから、少しでも少ない方が望ましい。なお、R一一〜二四原子%、一二〜二〇原子%の範囲は、夫々最大エネルギ積を七メガ・ガウスエールステッド以上、一〇メガ・ガウスエールステッド以上とする上で好ましい範囲である。

以上、本発明はコバルトを含まない鉄ベースの安価な合金で高残留磁化、高保磁力、高エネルギ積を有する磁気異方性焼結体永久磁石を実現したもので、工業的にきわめて高い価値をもつものである。さらに、Rとしては工業上入手し易い希土類元素たるNdやPr等を主体として用いることができる点で本発明は極めて有用である」。

## ネオジム磁石の外国特許

佐川は同じ内容の特許を各国に出願した。図6-2は米国で最初に登録された特許第四五九七九三八号「永久磁石物質の製造方法」の明細書である。日本で最初に取得した特許はこのあとで登録になった。佐川が米国に特許を出願すると、同じ時期に類似の特許が出されていたことが判った。ゼネラル・モーターース（GM）のジョン・クロートの米国特許第四四九六三九五号「高保磁力希土類鉄磁石」で、佐川が優先権を主張した日本特許出願日の十三日後の出願であった。超急冷法によって非晶質または超微細結晶粒の合金を製造する方法に関する発明であった。超急冷法に関しては、海軍研究所のノーマン・クーンが米国特許第四四〇二七七〇号「遷移金属とランタニドからなる硬磁性合金」を取得したが、組成が若干異なっていた。超急冷法による合金は、粉砕した粉末をバインダーで固めて、ボンド磁石として使われる。ボンド磁石は焼結磁石にくらべると磁気特性の点で若干劣るが、成形できる形状の自由度が大きく、複雑な形状を比較的容易につくることができる。その後、佐川は日本国内で一〇〇件をこえる特許を取得し、同じ範囲の特許を欧米に出願した。

**United States Patent** [19]

**Matsuura et al.**

[11] **Patent Number: 4,597,938**

[45] **Date of Patent: Jul. 1, 1986**

[54] **PROCESS FOR PRODUCING PERMANENT MAGNET MATERIALS**

[75] Inventors: **Yutaka Matsuura**, Ibaraki; **Masato Sagawa**, Nagaokakyo; **Setsuo Fujimura**, Kyoto, all of Japan

[73] Assignee: **Sumitomo Special Metals Co., Ltd.**, Osaka, Japan

[21] Appl. No.: **532,517**

[22] Filed: **Sep. 15, 1983**

[30] **Foreign Application Priority Data**

May 21, 1983 [JP] Japan .................................. 58-88372
May 21, 1983 [JP] Japan .................................. 58-88373
May 24, 1983 [JP] Japan .................................. 58-90038
May 24, 1983 [JP] Japan .................................. 58-90039

[51] **Int. Cl.**[4] ......................... **B22F 3/16**; C22C 33/02; C22C 38/32

[52] **U.S. Cl.** ......................................... **419/23**; 29/608; 148/105; 75/244; 419/10; 419/12; 419/38; 419/46; 419/57

[58] **Field of Search** ........................ 419/10, 12, 48, 38, 419/23, 45, 46, 57; 75/244; 29/608; 148/105

[56] **References Cited**

U.S. PATENT DOCUMENTS

414,936 9/1882 Croat .
508,266 6/1883 Croat .
3,560,200 2/1971 Nesbitt et al. ......................... 419/29
4,063,970 12/1977 Steingroever ........................ 419/10
4,402,770 9/1983 Koon .
4,533,408 8/1985 Koon .

FOREIGN PATENT DOCUMENTS

50-1397 1/1975 Japan .
52-50598 4/1977 Japan .
53-28018 3/1978 Japan .
54-76419 6/1979 Japan .
55-115304 9/1980 Japan .
55-113304 9/1980 Japan .
56-29639 3/1981 Japan .
56-47542 4/1981 Japan .
56-47538 4/1981 Japan .
56-116844 9/1981 Japan .
58-123853 1/1982 Japan .
57-141901 9/1982 Japan .
2021147 11/1979 United Kingdom .
2100286 12/1982 United Kingdom .
833049091 5/1984 United Kingdom .

OTHER PUBLICATIONS

Handbook on the Physics and Chemistry of Rare Earths, vol. 2, Chapter 14, pp. 55–56, 155–161.
J. J. Croat, "Permanent Magnet Properties of Rapidly Quenched Rare Earth—Iron Alloys", IEEE Trans. Mag., vol. MAG–18, No. 6, Nov., 1982, pp. 1442–1447.
Neumann et al., "Line Start Motors Designed with Nd–Fe–B Permanent Magnets", pp. 77–89.
R. K. Mishra, "Microstructure of Melt—Spun Neodymium—Iron—Boron Magnets", International Conference on Magnetism, 1985.
Lee, "The Future of Rare Earth–Transition Metal Magnets of Type $RE_2TM_{17}$", J. Appl. Phys., vol. 52, Mar., 1981, pp. 2549–2553.
Croat, "Pr—Fe and Nd—Fe—Based Materials: A New Class of High—Performance Permanent Magnets", J. Appl. Phys., vol. 55, Mar. 15, 1984, pp. 2078–2082.
Ohashi et al., "Effects of Prasedymium Substitution on Precipitation Hardened Rare Earth Magnets", pp. 493–501.

(List continued on next page.)

*Primary Examiner*—Allan M. Lieberman
*Attorney, Agent, or Firm*—Burns, Doane, Swecker and Mathis

[57] **ABSTRACT**

Permanent magnet materials of the Fe-B-R type are produced by:

preparing a metallic powder having a mean particle size of 0.3–80 microns and a composition of 8–30 at % R, 2–28 at % B, and the balance Fe,
compacting, and
sintering, at a temperature of 900–1200 degrees C.

Co up to 50 at % may be present. Additional elements M (Ti, Ni, Bi, V, Nb, Ta, Cr, Mo, W, Mn, Al, Sb, Ge, Sn, Zr, Hf) may be present. The process is applicable for anisotropic and isotropic magnet materials.

**32 Claims, 17 Drawing Figures**

図 6-2　米国特許第 4597938 号「永久磁石材料の製造方法」の明細書.

## ネオジム磁石の工業化

ネオジム磁石を発明した佐川のグループは、新しい磁石の工業化に取り組み、三年目から量産が始まった。音楽プレヤーやパソコン機器などの好適商品にめぐまれて、ネオジム磁石の生産は急増した。発表後の一九八五年に年産一〇〇トンをこえ、毎年二倍の増産がつづいた。

佐川は住友特殊金属に六年いたが、一九八八年のはじめに、自らが代表取締役となってインターメタリックス株式会社を設立し、究極のネオジム磁石およびネオジム磁石製造技術を目指して、独自研究および共同研究を行ってきた。そして、二〇一一年に、インターメタリックスが開発してきた技術をもとに、ネオジム磁石の製造会社インターメタリックス・ジャパンが設立された。この会社は、インターメタリックスが開発した技術のライセンスを受けて、原料調達から製造販売を含むネオジム磁石会社である。インターメタリックス・ジャパンは、二〇一三年から世界最高性能のネオジム磁石を量産開始した。


参考文献

1 佐川眞人、浜野正昭、平林眞編、『永久磁石—材料科学と応用』、アグネ技術センター、(二〇〇七)

2 佐川眞人監修、『ネオジム磁石のすべて』、アグネ技術センター、(二〇一一)

3 公益財団法人・国際科学技術財団、『Ｊａｐａｎ・Ｐｒｉｓｅ・Ｎｅｗｓ』、第４７号、(二〇一二)

# 付表

表 1-1　日本および諸外国におけるＫＳ鋼の特許リスト

| 出願国名 | 特許番号 | 出願日 | 登録日 | 日本出願日 | 発明の名称 | 主な合金成分 |
|---|---|---|---|---|---|---|
| 日　本 | 32,234 | 1917年6月15日 | 1918年2月22日 | 1917年6月15日 | 特殊合金鋼 | Fe-Co-W-Cr |
| | 32,422 | 1917年7月10日 | 1918年3月26日 | 1917年7月10日 | 特殊合金鋼 | Fe-Co-Cr |
| 米　国 | 1,338,132 | 1917年10月22日 | 1920年4月20日 | | MAGNET-STEEL | Fe-Co-W-Cr |
| | 1,338,133 | 1917年10月22日 | 1920年4月20日 | | MAGNET-STEEL | Fe-Co-Cr |
| | 1,338,134 | 1917年10月22日 | 1920年4月20日 | | MAGNET-STEEL | Fe-Mo-Cr |
| カナダ | 197,566 | 1918年1月2日 | 1920年2月24日 | | ACIER D'AIMANTS(MAGNET STEEL) | Fe-Co-W-Cr |
| | 197,567 | 1918年1月2日 | 1920年2月24日 | | ACIER D'AIMANTS(MAGNET STEEL) | Fe-Co-Cr |
| | 197,568 | 1918年1月2日 | 1920年2月24日 | | ACIER D'AIMANTS(MAGNET STEEL) | Fe-Mo-Cr |
| フランス | 498,223 | 1918年1月29日 | 1919年10月10日 | 1917年6月15日 | Acier à aimant | Fe-Co-W-Cr |
| | 498,224 | 1918年1月29日 | 1919年10月10日 | 1917年7月10日 | Acier à aimant | Fe-Co-Cr |
| | 498,225 | 1918年1月29日 | 1919年10月10日 | 1917年9月6日 | Acier à aimant | Fe-Mo-Cr |
| 英　国 | 118,601 | 1918年6月26日 | 1919年7月31日 | 1917年6月15日 | Magnet Steel | Fe-Co-W-Cr |
| | 118,602 | 1918年7月2日 | 1919年7月31日 | 1917年7月10日 | Magnet Steel | Fe-Co-Cr |
| スイス | 82,084 | 1918年9月14日 | 1919年9月1日 | 1917年6月15日 | Alliage d'acier pour aimants | Fe-Co-W-Cr |
| | 82,085 | 1918年9月14日 | 1919年9月1日 | 1917年7月10日 | Alliage d'acier pour aimants | Fe-Co-Cr |

注）主な合金成分におけるWは、タングステン、モリブデン、バナジウムまたはその同族の金属を意味する。

表 2-1　ＭＫ鋼の日本特許一覧

| 特許番号 | 出願日 | 特許日 | 発明の名称 | 備　考 |
|---|---|---|---|---|
| 93787 | 昭和6年3月9日 | 昭和6年12月1日 | 高磁力合金 | |
| 96371 | 昭和6年7月30日 | 昭和7年6月23日 | 「ニッケル」及「アルミニウム」を含む磁石鋼 | |
| 96748 | 昭和6年8月27日 | 昭和7年7月24日 | 「ニッケル」「アルミニウム」「クロム」及「コバルト」を含有する磁石鋼 | 特許93787号の追加 |
| 97456 | 昭和6年8月27日 | 昭和7年9月26日 | 「ニッケル」「アルミニウム」及「コバルト」を含有する磁石鋼 | 特許96371号の追加 |
| 97457 | 昭和6年8月27日 | 昭和7年9月26日 | 「ニッケル」「アルミニウム」及「マンガン」を含有する磁石鋼 | 特許96371号の追加 |
| 97458 | 昭和6年8月27日 | 昭和7年9月26日 | 「ニッケル」「アルミニウム」及「タングステン」を含有する磁石鋼 | 特許96371号の追加 |
| 97999 | 昭和6年12月8日 | 昭和7年10月28日 | 「ニッケル」「アルミニウム」及「ヴァナジウム」を含有する磁石鋼 | 特許96371号の追加 |
| 98000 | 昭和6年12月8日 | 昭和7年10月28日 | 「ニッケル」「アルミニウム」及「モリブデン」を含有する磁石鋼 | 特許96371号の追加 |
| 98001 | 昭和6年12月8日 | 昭和7年10月28日 | 「ニッケル」「アルミニウム」及銅を含有する磁石鋼 | 特許96371号の追加 |
| 102489 | 昭和7年11月7日 | 昭和8年8月25日 | 高磁力合金 | 特許93787号の追加 |
| 102490 | 昭和7年11月12日 | 昭和8年8月25日 | 高磁力合金 | 特許93787号の追加 |
| 107689 | 昭和8年9月26日 | 昭和9年9月18日 | 「ニッケル」「アルミニウム」及「コバルト」を含有する磁石鋼 | 特許97456号の追加 |
| 107690 | 昭和8年9月26日 | 昭和9月9月18日 | 「ニッケル」「アルミニウム」及「タングステン」を含有する磁石鋼 | 特許97458号の追加 |
| 107691 | 昭和8年9月26日 | 昭和9月9月18日 | 「ニッケル」「アルミニウム」「クロム」及「コバルト」を含有する磁石鋼 | 特許96748号の追加 |
| 107692 | 昭和8年9月26日 | 昭和9月9月18日 | 「ニッケル」「アルミニウム」及「マンガン」を含有する磁石鋼 | 特許97457号の追加 |
| 108435 | 昭和8年10月4日 | 昭和9年11月12日 | 「アルミニウム」「ニッケル」及「クロム」を含有する磁石鋼 | 特許93787号の追加 |
| 108889 | 昭和8年12月11日 | 昭和9年12月14日 | 「アルミニウム」「ニッケル」及「チタニウム」を含有する磁石鋼 | 特許96371号の追加 |
| 108890 | 昭和8年12月11日 | 昭和9年12月14日 | 「アルミニウム」「ニッケル」及珪素を含有する磁石鋼 | 特許96371号の追加 |
| 112049 | 昭和9年4月28日 | 昭和10年8月28日 | 「アルミニウム」「ニッケル」及「クロム」を含有する永久磁石 | 特許102489号の追加 |
| 116856 | 昭和9年4月28日 | 昭和11年8月4日 | 「アルミニウム」「ニッケル」及「クロム」を含有する合金製永久磁石 | 特許102490号の追加 |

注）発明者はすべて三島徳七であり、特許権者ははじめの方の 18 件が三島、あとの 2 件が東京鋼材株式会社である。

表 2-2　ＭＫ鋼の米国特許

| 特許番号 | 発明者 | 特許日 | 出願日 | 出願番号 | 発明の名称 | 備　考 |
|---|---|---|---|---|---|---|
| 2,027,994 | 三島徳七 | 1936年1月14日 | 1932年1月20日 | 587,822 | ニッケルとアルミニウムを含む磁石鋼 | |
| 2,027,995 | 同上 | 1936年1月14日 | 1933年5月14日 | 673,795 | タングステン、モリブデンおよびクロミウムを含む強力永久磁石 | No.587,822からの分割 |
| 2,027,996 | 同上 | 1936年1月14日 | 1933年5月31日 | 673,796 | コバルトを含む強力永久磁石 | No.587,822からの分割 |
| 2,027,997 | 同上 | 1936年1月14日 | 1935年3月6日 | 9,685 | 銅を含む永久磁石 | No.587,822からの分割 |
| 2,027,998 | 同上 | 1936年1月14日 | 1935年8月7日 | 35,207 | ニッケル、アルミニウム、コバルトおよびクロミウムを含む永久磁石 | No.587,822からの分割 |
| 2,027,999 | 同上 | 1936年1月14日 | 1935年8月7日 | 35,208 | ニッケル、アルミニウムおよびマンガンを含む永久磁石 | No.587,822からの分割 |
| 2,028,000 | 同上 | 1936年1月14日 | 1935年8月7日 | 35,209 | ニッケル、アルミニウムおよびバナジウムを含む永久磁石 | No.587,822からの分割 |
| 1,947,274 | W.E.ルーダー | 1934年2月13日 | 1933年2月1日 | 604,764 | 永久磁石およびその製造方法 | 6～15Al、20～30Ni、残部鉄 |
| 1,968,569 | 同上 | 1934年7月31日 | 1933年6月3日 | 674,216 | 永久磁石およびその製造方法 | 上記に10％までのCoを添加 |

注）上から 7 件が三島の特許、下の 2 件が GE 社の特許である。

表 2-3　ＭＫ鋼のカナダ特許の請求範囲

カナダ特許第345,132号　特許請求の範囲

| | |
|---|---|
| 1. Fe, 5-40%Ni, 3-20%Al | 17. Fe, 5-40%Ni, 3-20%Al, 10%以下のMo. |
| 2. Fe, 5-40%Ni, 3-20%Al, 不純物. | 18. Fe, 5-40%Ni, 3-20%Al, 10%以下のMo, 不純物. |
| 3. Fe, 5-40%Ni, 3-20%Al, 1.5%以下のC. | 19. Fe, 5-40%Ni, 3-20%Al, 10%以下のMo, 1.5%以下のC. |
| 4. Fe, 5-40%Ni, 3-20%Al, 1.5%以下のC, 不純物. | 20. Fe, 5-40%Ni, 3-20%Al, 10%以下のMo, 1.5%以下のC, 不純物. |
| 5. Fe, 5-40%Ni, 3-20%Al, 0.5-40%Co. | 21. Fe, 5-40%Ni, 3-20%Al, 10%以下のV. |
| 6. Fe, 5-40%Ni, 3-20%Al, 0.5-40%Co, 不純物. | 22. Fe, 5-40%Ni, 3-20%Al, 10%以下のV, 不純物. |
| 7. Fe, 5-40%Ni, 3-20%Al, 0.5-40%Co, 1.5%以下のC. | 23. Fe, 5-40%Ni, 3-20%Al, 10%以下のV, 1.5%以下のC. |
| 8. Fe, 5-40%Ni, 3-20%Al, 0.5-40%Co, 1.5%以下のC, 不純物. | 24. Fe, 5-40%Ni, 3-20%Al, 10%以下のV, 1.5%以下のC, 不純物. |
| 9. Fe, 5-40%Ni, 3-20%Al, 0.5-10%Mn. | 25. Fe, 5-40%Ni, 3-20%Al, 20%以下のCu. |
| 10. Fe, 5-40%Ni, 3-20%Al, 0.5-10%Mn, 不純物. | 26. Fe, 5-40%Ni, 3-20%Al, 20%以下のCu, 不純物. |
| 11. Fe, 5-40%Ni, 3-20%Al, 0.5-10%Mn, 1.5%以下のＣ. | 27. Fe, 5-40%Ni, 3-20%Al, 20%以下のCu, 1.5%以下のC. |
| 12. Fe, 5-40%Ni, 3-20%Al, 0.5-10%Mn, 1.5%以下のＣ, 不純物. | 28. Fe, 5-40%Ni, 3-20%Al, 20%以下のCu, 1.5%以下のC. 不純物. |
| 13. Fe, 5-40%Ni, 3-20%Al, 0.5-8%W. | 29. Fe, 5-40%Ni, 3-20%Al, 1-5%Cr. |
| 14. Fe, 5-40%Ni, 3-20%Al, 0.5-8%W, 不純物. | 30. Fe, 5-40%Ni, 3-20%Al, 1-5%Cr, 不純物. |
| 15. Fe, 5-40%Ni, 3-20%Al, 0.5-8%W, 1.5%以下のＣ. | 31. Fe, 5-40%Ni, 3-20%Al, 1-5%Cr, 1.0%以下のC. |
| 16. Fe, 5-40%Ni, 3-20%Al, 0.5-8%W, 1.5%以下のＣ, 不純物. | 32. Fe, 5-40%Ni, 3-20%Al, 1-5%Cr, 1.0%以下のC,  不純物. |

カナダ特許第352,573号　特許請求の範囲

1. 5-40%Ni, 4-20%Al, (0-5.0%Cr, 0-40%Co, 0-10%Mn, 0-10%W, 0-10%Mo, 0-10%V, 0-20%Cuのうちの1種類の金属), 0-1.5%Ｃ, 残部は実質的に鉄.
2. 5-40%Ni, 4-20%Al, (0-5.0%Cr, 0-40%Co, 0-10%Mn, 0-10%W, 0-10%Mo, 0-10%V, 0-20%Cuのうちの1種類の金属), 0-1.5%Ｃ, 残部は鉄.
3. 5-40%Ni, 4-20%Al, 0-5.0%Cr, (0.5-0%Mn, W, Mo, V, Cuのうちの1種類の金属), 0-1.5%Ｃ, 残部は実質的に鉄.
4. 5-40%Ni, 4-20%Al, 0-5.0%Cr, (0.5-0%Mn, W, Mo, V, Cuのうちの1種類の金属), 0-1.5%Ｃ, 残部は鉄.
5. 5-40%Ni, 4-20%Al, 0-5.0%Cr, (0-35%Co, 0-10%Mn, 0-10%W, 0-10%Mo, 0-10%V, 0-20%Cuのうちの1種類の金属), 0-1.5%Ｃ, 残部は実質的に鉄.
6. 5-40%Ni, 4-20%Al, 0-5.0%Cr, (0-35%Co, 0-10%Mn, 0-10%W, 0-10%Mo, 0-10%V, 0-20%Cuのうちの1種類の金属), 0-1.5%Ｃ, 残部は鉄.
7. 5-40%Ni, 4-20%Al, 0-5.0%Cr, 0-35%Co, (0-5.0%Mn, W, Mo, V, Cuのうちの1種類の金属), 0-1.5%Ｃ, 残部は実質的に鉄.
8. 5-40%Ni, 4-20%Al, 0-5.0%Cr, 0-35%Co, (0-5.0%Mn, W, Mo, V, Cuのうちの1種類の金属), 0-1.5%Ｃ, 残部は鉄.

注）カナダ特許は２件にまとめられた。ここでは多項性の特許請求の範囲のみを記した。

表 2-4　ＭＫ鋼の英国特許

| 英国特許番号 | 特許日 | 出願日 | 日本出願日 | 日本特許番号 | 備　考 |
|---|---|---|---|---|---|
| 392,656 | 1933年5月25日 | 1932年1月19日 | 1931年3月9日 | 93787 | |
| 392,657 | 1933年5月25日 | 1932年1月19日 | 1931年8月27日 | 96748 | 392,656の追加 |
| 392,658 | 1933年5月25日 | 1932年1月19日 | 1931年7月30日 | 96371 | |
| 392,659 | 1933年5月25日 | 1932年1月19日 | 1931年8月27日 | 97457 | 392,658の追加 |
| 392,660 | 1933年5月25日 | 1932年1月19日 | 1931年8月27日 | 97458 | 392,658の追加 |
| 392,661 | 1933年5月25日 | 1932年1月19日 | 1931年8月27日 | 97456 | 392,658の追加 |
| 392,662 | 1933年5月25日 | 1932年1月19日 | 1931年12月8日 | 97999 | 392,658の追加 |
| | | | 1931年12月8日 | 98000 | 392,658の追加 |
| | | | 1931年12月8日 | 98001 | 392,658の追加 |
| 428,078 | 1935年5月7日 | 1933年11月7日 | 1932年11月7日 | 102489 | 392,656の追加 |
| | | | 1932年11月12日 | 102490 | 392,656の追加 |
| 444,702 | 1936年3月25日 | 1934年9月25日 | 1933年9月26日 | 107689 | 392,656の追加 |
| 444,703 | 1936年3月25日 | 1934年9月25日 | 1933年9月26日 | 107690 | 392,658の追加 |
| 444,704 | 1936年3月25日 | 1934年9月25日 | 1933年9月26日 | 107691 | 392,658の追加 |
| 444,705 | 1936年3月25日 | 1934年9月25日 | 1933年9月26日 | 107692 | 392,658の追加 |
| 444,901 | 1936年3月30日 | 1934年9月28日 | 1933年10月4日 | 108435 | 392,656の追加 |

注）英国の特許に発明者の記載はない。はじめの 8 件の特許権者が三島で、あとの 5 件はロバート・ボッシュになっている。

表 2-5　ＭＫ鋼のフランス特許

| 特許番号 | 特許日 | 出願日 | 日本出願日 | 日本特許番号 |
|---|---|---|---|---|
| 731,361 | 1932年3月30日 | 1932年2月13日 | 1931年3月9日 | 93787 |
| | | | 1931年7月30日 | 96371 |
| | | | 1931年8月27日 | 96748 |
| | | | 1931年8月27日 | 97456 |
| | | | 1931年8月27日 | 97457 |
| | | | 1931年8月27日 | 97458 |
| | | | 1931年12月8日 | 97999 |
| | | | 1931年12月8日 | 98000 |
| | | | 1931年12月8日 | 98001 |
| 763,928 | 1934年2月26日 | 1933年11月7日 | 1932年11月7日 | 102489 |
| | | | 1932年11月12日 | 102490 |
| | | | 1933年9月26日 | 107689 |
| | | | 1933年9月26日 | 107690 |
| | | | 1933年9月26日 | 107691 |
| | | | 1933年9月26日 | 107692 |
| | | | 1933年10月4日 | 108435 |

注）当時のフランスは無審査だったので、出願後、すぐに特許になっている。

表 2-6　ＭＫ鋼のドイツ特許

| 特許番号 | 発明の名称 | 特許日 | 出願日 | 備　考 | 日本出願日 | 日本特許番号 |
|---|---|---|---|---|---|---|
| 671,048 | | 1939年2月9日 | 1932年1月29日 | | 1931年3月9日 | 93787 |
| | | | | | 1931年7月30日 | 96371 |
| | | | | | 1931年8月27日 | 96748 |
| | | | | | 1931年8月27日 | 97456 |
| | | | | | 1931年8月27日 | 97457 |
| | | | | | 1931年8月27日 | 97458 |
| | | | | | 1931年12月8日 | 97999 |
| | | | | | 1931年12月8日 | 98000 |
| | | | | | 1931年12月8日 | 98001 |
| 680,256 | | 1939年8月24日 | 1933年11月7日 | 671,048の追加 | 1933年9月26日 | 107689 |
| | | | | | 1933年9月26日 | 107690 |
| | | | | | 1933年9月26日 | 107691 |
| | | | | | 1933年10月4日 | 108435 |
| 680,257 | | 1939年8月24日 | 1933年11月7日 | 671,048の追加 | 1933年9月26日 | 107689 |
| | | | | | 1933年9月26日 | 107690 |
| | | | | | 1933年9月26日 | 107691 |
| | | | | | 1933年10月4日 | 108435 |
| 680,258 | | 1939年8月29日 | 1933年11月7日 | 671,048の追加 | 1932年11月7日 | 102489 |
| | | | | | 1933年9月26日 | 107689 |
| | | | | | 1933年9月26日 | 107690 |
| | | | | | 1933年9月26日 | 107691 |
| | | | | | 1933年10月4日 | 108435 |

注）ドイツ特許の特許権者はすべてロバート・ボッシュ社になっている。

表 3-1　ＮＫＳ鋼の日本特許一覧

| 特許番号 | 登録日 | 特許日 | 発明の名称 |
|---|---|---|---|
| 109937 | 昭和8年5月1日 | 昭和10年3月15日 | 「ニッケル、チタン」鋼製永久磁石 |
| 110203 | 昭和8年5月1日 | 昭和10年4月4日 | 「コバルト、チタン」鋼製永久磁石 |
| 111704 | 昭和8年12月8日 | 昭和10年7月24日 | 「ニッケル」「チタン」「コバルト」鋼製永久磁石ノ改良 |
| 111705 | 昭和8年12月8日 | 昭和10年7月24日 | 「ニッケル」「チタン」鋼製永久磁石ノ改良 |
| 111706 | 昭和8年12月8日 | 昭和10年7月24日 | 「ニッケル」「チタン」鋼製永久磁石 |

表 3-2　増本量の米国特許一覧

| 特許番号 | 登録日 | 発明の名称 |
|---|---|---|
| 2193768 | 1940年3月12日 | 磁性合金 |
| 3211592 | 1965年10月12日 | 大きな保磁力を有する永久磁石の製造法 |
| 3203838 | 1965年8月31日 | 永久磁石の製造法 |
| 3374123 | 1968年3月19日 | 温度変化による振動とたわみの変化が少ない非磁性弾性体の製造法 |
| 3519502 | 1970年7月7日 | 焼結金属磁石の製造法 |
| 3725052 | 1973年4月3日 | 実質的に弾性率が温度変化しない非磁性弾性マンガン・銅合金 |
| 3725053 | 1973年4月3日 | 弾性率の弾性係数の温度係数が低い非磁性弾性マンガン・ニッケル合金とその製造方法 |
| 3743550 | 1973年7月3日 | 磁気記録－再生ヘッド用合金 |
| 3785880 | 1974年1月1日 | 磁気記録－再生ヘッド用Ni-Fe-Ta合金 |
| 3794530 | 1974年2月26日 | 磁気記録－再生ヘッド用高導磁率Ni-Fe-Ta合金 |
| 3837933 | 1974年9月2日 | 熱処理した磁性物質 |
| 3871927 | 1975年3月18日 | 磁気記録―再生ヘッド用高導磁率合金の製造法 |

表 3-2　増本量の米国特許一覧（続き）

| 特許番号 | 登録日 | 発明の名称 |
|---|---|---|
| 3932204 | 1976年1月13日 | 高保磁力を有するコバルト・アルミニウム磁性材料 |
| 4059462 | 1977年11月22日 | Nb-Fe 角型ヒステリシス磁性合金 |
| 4082579 | 1978年4月4日 | 角型ヒステリシス磁性合金 |
| 4065330 | 1977年12月27日 | 耐食高導磁率合金 |
| 4204887 | 1980年5月27日 | 高ダンピング能合金 |
| 4204888 | 1980年5月27日 | 高ダンピング能合金 |
| 4244754 | 1981年1月13日 | 高ダンピング能合金と製品の製造法 |
| 4374679 | 1983年2月22日 | 広い温度範囲で電気抵抗の温度変化が少ない電気抵抗体とその製造法 |
| 4396441 | 1983年8月2日 | 非常に高い保磁力と大きな最大エネルギー積を有する永久磁石とその製造法 |
| 4440720 | 1984年4月3日 | 磁気記録－再生ヘッドに有用な磁石合金とその製造法 |
| 4468370 | 1984年8月28日 | 広い温度範囲で電気抵抗の温度変化が少ない電気抵抗合金とその製造法 |
| 4518439 | 1985年5月21日 | 広い温度範囲で電気抵抗の温度変化が少ない合金とその製造法 |
| 4517156 | 1985年5月14日 | 広い範囲で電気抵抗の温度変化が少ない電気抵抗合金とその製造法 |
| 4684414 | 1987年8月4日 | 高ダンピング能合金とその製造法 |
| 4572750 | 1986年2月25日 | 磁気記録－再生ヘッド用磁性合金 |
| 4650528 | 1987年3月17日 | 高ダンピング能合金とその製造法 |
| 4684416 | 1987年8月4日 | 広い温度範囲で電気抵抗の温度変化が少ない合金とその製造法 |
| 4710243 | 1987年12月1日 | 高導磁率の耐摩耗合金とその製造法 |
| 4830685 | 1989年5月16日 | 高導磁率の耐摩耗合金とその製造法 |
| 4859252 | 1989年8月22日 | 高ダンピング能合金とその製造法 |
| 4814027 | 1989年3月21日 | 非常に高い保磁力と大きな最大エネルギー積を有するFe-Pt-Nb永久磁石 |
| 4834813 | 1989年5月30日 | 高導磁率の耐摩耗合金とその製造法 |
| 4863530 | 1989年9月5日 | 非常に高い保磁力と大きな最大エネルギー積を有するFe-Pt-Nb永久磁石とその製造法 |

表 4-1　渡辺三郎が取得した特殊鋼の特許の一覧表

| 特許番号 | 特許出願日 | 特許登録日 | 発明の名称 | 備　考 |
|---|---|---|---|---|
| 42950 | 大正10年12月6日 | 大正11年6月26日 | 耐食鋼 | |
| 43660 | 大正11年2月20日 | 大正11月10月9日 | 自硬性磁石鋼 | FW磁石鋼 |
| 63487 | 大正13年3月11日 | 大正14年4月18日 | 「ゲージ」用合金鋼 | |
| 67615 | 大正14年2月24日 | 大正15年2月25日 | 「タービン」翼用耐食性合金鉄 | |
| 69593 | 大正14年10月7日 | 大正15年9月30日 | 「マンガン, クロ ーム」合金鋼 | |
| 75016 | 大正15年8月26日 | 昭和3年1月10日 | 不感磁気鋼 | |
| 86535 | 昭和4年7月19日 | 昭和5年5月2日 | 強靭特殊鋼 | |
| 86976 | 昭和4年11月9日 | 昭和5年6月3日 | 耐熱磁石鋼 | |
| 93062 | 昭和5年11月8日 | 昭和6年10月1日 | 強靭特殊鋼 | 86535号の追加特許 |
| 94903 | 昭和6年2月5日 | 昭和7年3月8日 | 高「クローム」合金鋼ノ溶接処理法 | |
| 95895 | 大正15年8月26日 | 昭和7年5月18日 | 鋼ノ熱煉法 | |
| 96292 | 昭和6年7月25日 | 昭和7年6月17日 | 「ゲージ」用合金鋼 | 63487号の追加特許 |
| 102541 | 昭和7年12月3日 | 昭和8年8月30日 | 強靭特殊鋼 | 86535号の追加特許 |
| 102815 | 昭和7年8月13日 | 昭和8年9月15日 | 耐久磁石鋼 | |
| 103252 | 昭和7年7月13日 | 昭和8月10月13日 | 耐塩酸合金鉄 | |

注）渡辺には他に兵器関係の特許が 8 件ある。

表 5-1　加藤・武井のフェライト磁石の日本特許一覧

| 特許番号 | 出願日 | 特許日 | 発明の名称 | 備　考 |
|---|---|---|---|---|
| 110822 | 昭和5年12月25日 | 昭和10年5月17日 | 酸化金属製磁石 | |
| 110821 | 昭和6年8月12日 | 昭和10年5月17日 | 二又は二以上の磁極を有する酸化金属製永久磁石 | 発明者：加藤，武井，斉藤 |
| 112060 | 昭和7年2月29日 | 昭和10年8月28日 | 酸化金属性磁石の磁化法 | 110822号の追加 |
| 110820 | 昭和7年3月16日 | 昭和10年5月17日 | 酸化金属製磁石磁性増進法 | |
| 112036 | 昭和7年7月16日 | 昭和10年8月28日 | 酸化金属製磁石の磁化法 | 110822号の追加 |
| 110823 | 昭和7年7月26日 | 昭和10年5月17日 | 酸化金属製磁石 | |
| 110165 | 昭和8年1月9日 | 昭和10年3月30日 | 「マグネット」伝動装置 | |
| 110827 | 昭和9年12月31日 | 昭和10年8月7日 | 極片附酸化金属製磁石 | 発明者：武井，河合，坂本 |

表 5-2　加藤・武井のフェライト磁石の外国特許一覧

| 出願国 | 特許番号 | 登録日 | 出願日 | 日本出願日 | 発明の名称 |
|---|---|---|---|---|---|
| カナダ | 第331880号 | 1933年 4月18日 | | | 永久磁石 |
| 米　国 | 第1976230号 | 1934年10月 9日 | 1933年 8月 8日 | 1930年12月25日 | 永久磁石とその製法 |
| 米　国 | 第1997193号 | 1935年 4月 9日 | 1932年 6月16日 | 1930年12月25日 | 永久磁石とその製法 |
| 英　国 | 第432152号 | 1935年 7月22日 | 1934年 8月14日 | | 金属酸化物製磁石の又は関連する改良 |
| ドイツ | 第723872号 | 1942年 8月12日 | 1932年 7月 9日 | | 永久磁石 |

注）発明者はいずれも加藤与五郎、武井武の２名。特許権者は三菱電機株式会社。ただし英国は三菱電機株式会社、加藤、武井の３者共有である。

表 6-1　佐川眞人のネオジム磁石の米国特許一覧

| | 特許番号 | 発明の名称 |
|---|---|---|
| 1 | 4,597,938 | Process for producing permanent magnet materials |
| 2 | 4,601,875 | Process for producing magnetic materials |
| 3 | 4,684,406 | Permanent magnet materials |
| 4 | 4,710,242 | Material for temperature sensitive elements |
| 5 | 4,767,474 | Isotropic magnets and process for producing same |
| 6 | 4,770,723 | Magnetic materials and permanent magnets |
| 7 | 4,773,950 | Permanent magnet |
| 8 | 4,792,368 | Magnetic materials and permanent magnets |
| 9 | 4,826,546 | Process for producing permanent magnets and products thereof |
| 10 | 4,840,684 | Isotropic permanent magnets and process for producing same |
| 11 | 4,859,255 | Permanent magnets |
| 12 | 4,975,129 | Permanent magnet |
| 13 | 4,975,130 | Permanent magnet materials |
| 14 | 4,995,905 | Permanent magnet having improved heat-treatment characteristics and method for producing the same |
| 15 | 5,000,800 | Permanent magnet and method for producing the same |
| 16 | 5,096,512 | Magnetic materials and permanent magnets |
| 17 | 5,110,377 | Process for producing permanent magnets and products thereof |
| 18 | 5,123,979 | Alloy for Fe Nd B type permanent magnet, sintered permanent magnet and process for obtaining it |
| 19 | 5,167,914 | Rare earth magnet having excellent corrosion resistance |
| 20 | 5,183,516 | Magnetic materials and permanent magnets |
| 21 | 5,192,372 | Process for producing isotropic permanent magnets and materials |
| 22 | 5,194,098 | Magnetic materials |
| 23 | 5,221,368 | Method of obtaining a magnetic material of the rare earth/transition metals/boron type in divided form for corrosion-resistant magnets |
| 24 | 5,230,749 | Permanent magnets |
| 25 | 5,250,255 | Method for producing permanent magnet and sintered compact and production apparatus for making green compacts |

表 6-1　佐川眞人のネオジム磁石の米国特許一覧（続き）

| | 特許番号 | 発明の名称 |
|---|---|---|
| 26 | 5,273,782 | Coated parts with film having powder-skeleton structure, and method for forming coating |
| 27 | 5,411,603 | Method of protecting magnetic powders and densified permanent magnets of the Fe Nd B type from oxidation and atmospheric corrosion |
| 28 | 5,449,481 | Method and apparatus for producing a powder compact |
| 29 | 5,466,308 | Magnetic precursor materials for making permanent magnets |
| 30 | 5,482,575 | Fe-Re-B type magnetic powder, sintered magnets and preparation method thereof |
| 31 | 5,505,990 | Method for forming a coating using powders of different fusion points |
| 32 | 5,645,651 | Magnetic materials and permanent magnets |
| 33 | 5,660,929 | Perpendicular magnetic recording medium and method of producing same |
| 34 | 5,672,363 | Production apparatus for making green compact |
| 35 | 5,725,816 | Packing method |
| 36 | 5,762,967 | Rubber mold for producing powder compacts |
| 37 | 5,766,372 | Method of making magnetic precursor for permanent magnets |
| 38 | 6,113,979 | Powder coatings and methods for forming a coating using the same |
| 39 | 6,155,028 | Method and apparatus for packing material |
| 40 | 6,475,430 | Method and apparatus for packing material including air tapping |
| 41 | 6,764,643 | Powder compaction method |
| 42 | 6,814,928 | Method of making sintered articles |
| 43 | 7,354,621 | Method for forming adhesive layer |
| 44 | 8,420,160 | Method for producing sintered NdFeB magnet |
| 45 | 8,545,641 | Method and system for manufacturing sintered rare-earth magnet having magnetic anisotropy |
| 46 | 8,562,756 | NdFeB sintered magnet and method for producing the same |
| 47 | 8,657,593 | Sintered magnet production system |
| 48 | 8,801,870 | Method for making NdFeB sintered magnet |
| 49 | 8,899,952 | Sintered magnet producing apparatus |

# 索　引

鈴木《すずき》　雄一《ゆういち》

1974 年　東北大学大学院博士課程修了（金属工学）
2001 年　古河電気工業㈱常務取締役
2003 年　古河テクノリサーチ㈱
2005 年　産学国際特許事務所所長

著書　『実用形状記憶合金』（工業調査会、1987）
　　　『エジソン成功の法則』訳・監修（言視舎、2012）
　　　ほか

磁石《じしゃく》の発明特許物語《はつめいとっきょものがたり》　―六人《ろくにん》の先覚者《せんかくしゃ》―

2015 年 6 月 30 日　　初版第 1 刷発行

著　　者　鈴木　雄一 ©
発 行 者　青木　豊松
発 行 所　株式会社　アグネ技術センター
　　　　　〒 107-0062
　　　　　東京都港区南青山 5-1-25　北村ビル
　　　　　電　話　03-3409-5329
　　　　　ＦＡＸ　03-3409-8237
　　　　　振　替　00180-8-41975
　　　　　ＵＲＬ　http://www.agne.co.jp/
印刷・製本　株式会社　平河工業社


ISBN978-4-901496-80-3 C0054

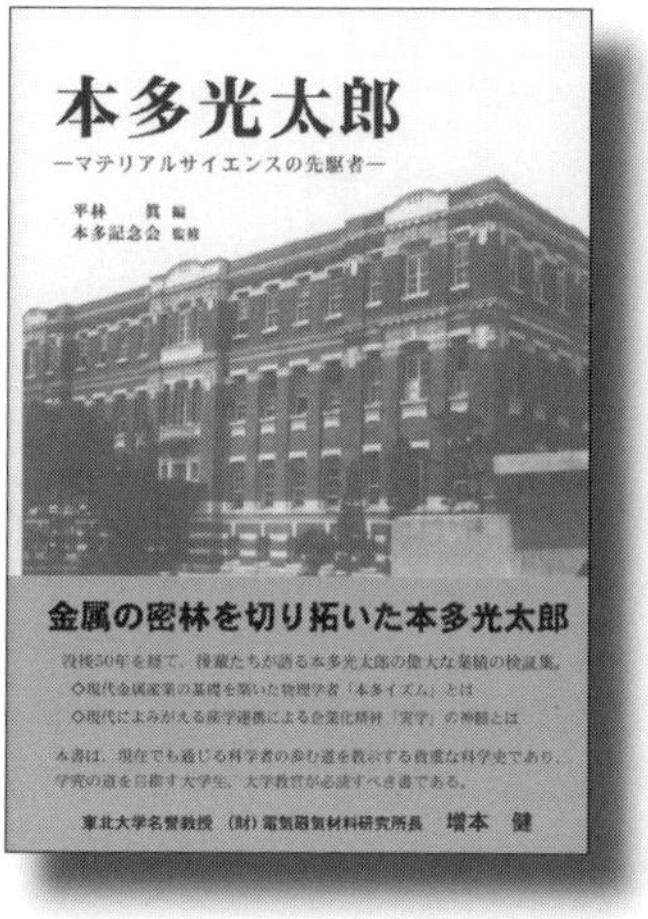


ISBN 978-4-901496-21-6

# 本多光太郎

## —マテリアルサイエンスの先駆者—

平林　眞 編・本多記念会 監修
Ａ５判上製・220 頁
定価（本体 3,000 円＋税）
日本図書館協会選定図書

強力磁石鋼 KS 鋼を発明し「鉄の神様」「磁石の神様」と呼ばれる本多光太郎の業績を検証し，その「実学」の真髄を探る．日本の材料学の源流を確かめ，科学者の進む道を示す貴重な科学史である．

● ● ●

《主な目次》

ISBN 978-4-901496-38-4

## 永久磁石

### —材料科学と応用—

佐川眞人・浜野正昭・平林 眞 編
Ａ５判上製・440 頁
定価（本体 5,000 円＋税）

世界最強のネオジム磁石の発明者　佐川眞人を編集代表とし，日本を代表する研究者 12 名が執筆した永久磁石解説の決定版．携帯電話のスピーカや振動用モータ，ハイブリッドカーの駆動モータ，HDD，MRI 等先端産業に必須な永久磁石の基礎から応用までを詳述．

ISBN 978-4-901496-58-2

## ネオジム磁石のすべて

### —レアアースで地球《アース》を守ろう—

佐川眞人 監修
Ａ５判並製・204 頁
定価（本体 2,800 円＋税）

最強の永久磁石として携帯電話，家電製品，電気自動車などに不可欠なネオジム磁石について分かりやすく解説．原料であるレアアース資源の循環型システム確立にもふれ高性能ネオジム磁石開発の将来を展望する．